国家示范性高职院校建设规划教材

荣获中国石油和化学工业优秀出版物奖（教材奖）

机械CAD
上机指导教程

张丽荣　刘东晓　主　编
高立廷　常松岭　副主编

U0366551

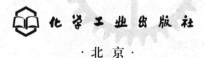

化学工业出版社

·北京·

本书内容包括：AutoCAD（二维）基本操作，基本绘图练习，编辑命令的操作和使用，图层的设置和使用，绘制视图、剖视图，尺寸标注，绘制工程图，文字注释，图块的使用等。书中编入了机械、电器等方面的典型案例。

本书是在总结了多年来机械 CAD 教学实践经验的基础上编写而成的。突出了为企业培养应用型人才的教学特点，加强了内容的针对性、实用性和可读性，以满足不同设计人员在机械二维、三维领域图样绘制和建模能力培养的需求。

本书可供本科院校、高职高专院校、成人高等院校以及中等职业技术学校的师生作为机械 CAD 教学的配套教材，也可作为工程技术人员自学 CAD 的主要参考书，还可用作制图员、CAD 技能等级的考证练习及参考资料。

图书在版编目（CIP）数据

机械 CAD 上机指导教程/张丽荣，刘东晓主编 . —北京：化
学工业出版社，2011.1 （2022.1重印）
国家示范性高职院校建设规划教材
ISBN 978-7-122-09914-3

Ⅰ. 机⋯ Ⅱ. ①张⋯②刘⋯ Ⅲ. 机械设计：计算机辅助
设计-高等学校：技术学院-教材 Ⅳ. TH122

中国版本图书馆 CIP 数据核字（2010）第 222771 号

责任编辑：李　娜　高　钰　　　　　　　装帧设计：史利平
责任校对：宋　夏

出版发行：化学工业出版社（北京市东城区青年湖南街 13 号　邮政编码 100011）
印　　装：三河市延风印装有限公司
787mm×1092mm　1/16　印张 8　字数 190 千字　2022 年 1 月北京第 1 版第 13 次印刷

购书咨询：010-64518888　　　　　　售后服务：010-64518899
网　　址：http://www.cip.com.cn
凡购买本书，如有缺损质量问题，本社销售中心负责调换。

定　　价：28.00 元　　　　　　　　　　　　　　　版权所有　违者必究

前　言

计算机辅助设计（简称 CAD）以其所特有的速度快、效率高、精度高、易于修改、便于管理和交流等特点已被广泛地应用于机械、电子、交通以及工业设计等各行业，正在逐步把人们从繁重的传统设计和绘图方式中解放出来。AutoCAD、Solid Edge、Pro/E 等优秀 CAD 软件是目前机械工程技术人员强有力的辅助设计和绘图工具，能否熟练使用机械 CAD 软件进行设计和绘图，是体现现代技术人员的技术素质的标志之一。

由于机械 CAD 是一门实践性很强的操作技术，因此，无论对于大学、高职高专、中职和成人院校的在校学生，还是对于有志掌握机械 CAD 的其他人员，学习的基本内容、过程和学习方法都是一样的，除了熟悉它的基本命令和规则之外，更重要的是通过反复练习，掌握方法和技巧。本书是根据编者多年来从事 CAD 教学实践活动经验总结的基础上编写的，不仅适应于上述各类在校学生和人员，同时也适合国家职业技能（制图员、计算机 CAD 技能等级）的考证训练需求。

本书的编写突出其实用性，其中大部分内容都是来自工厂、企业，汇集机械、机电等方面的题型。突出了为企业培养应用型人才的教学特点，加强了内容的针对性、实用性和操作性，以适应不同设计人员在机械、机电等领域的设计需求。

本书内容包括：AutoCAD 基本操作，基本绘图练习，编辑命令的操作和使用，图层的设置和使用，绘制视图、剖视图，尺寸标注，绘制工程图，文字注释，图块的使用等。书中编入了机械、机电等方面的典型案例。

本书具有如下特点。

1. 内容和结构体系适合技能型人才教育特点。以应用为目的，以必须够用为度，大幅度精简了一些理论，增加了一些实用性操作训练，实用性很强。

2. 本书注重对学生技能的培养，教材用大量的篇幅讲授经典实例的操作过程，通过这些实例教会学生如何使用机械 CAD 软件做设计。

3. 书中图例简明易懂、典型实用、难易适度。

4. 本书的编写全面贯彻了最新的《技术制图国家标准》和《机械工程 CAD 制图规则》，不受任何机械 CAD 版本的限制，可与任何机械 CAD 版本教材配套使用。

参加本书编写的有平顶山工业职业技术学院张丽荣、刘东晓、高立廷、常松岭，中平能化电务厂张晓光，天力公司王涛。其中常松岭编写练习一～练习七，张晓光编写练习八、练习九，王涛编写练习十、练习十一，刘东晓编写练习十二，高立廷编写练习十三，张丽荣编写练习十四。张丽荣、刘东晓任主编，高立廷、常松岭任副主编。

由于编者水平有限，疏漏在所难免，恳请读者给予指正。

编者

2010 年 9 月

目　　录

练习一　AutoCAD 基本操作

一、练习目的

1. 练习 AutoCAD 系统的启动和退出。
2. 全面了解 AutoCAD 系统的界面和菜单结构及使用方法。
3. 掌握改变作图窗口颜色和十字光标大小的方法。
4. 练习 AutoCAD 命令的输入和数据的输入方法。
5. 建立符合国家标准的样本图纸。其规格见图 1-1、图 1-2。

幅面代号	A0	A1	A2	A3	A4
$B \times L$	841×1189	594×841	420×594	297×420	210×297
e	20			10	
c	10			5	
a	25				

图 1-1　图纸幅面

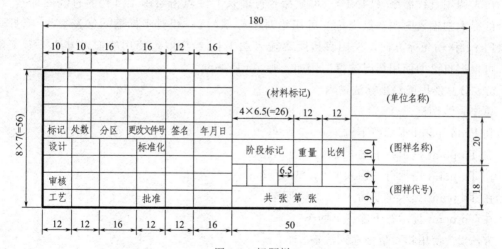

图 1-2　标题栏

二、练习内容

1. 设置绘图环境,确定绘图界限。
2. 绘制图幅、边框线和标题栏(A4 图纸)。
3. 绘制练习一中的例图 1-1、例图 1-2,选绘例图 1-3 或例图 1-4 中的图形。例图 1-1 中的图（4）和例图 1-2 中的图（1）用相对极坐标法输入，例图 1-1 中的图（4）与 X 正方向成 30°（不要求标注尺寸）。

三、练习要求

学生要按练习步骤详细写出上机操作过程（包括所用命令和数据）。注意工具栏的移动、打开、关闭的方法；设置作图窗口的颜色和十字光标大小的方法。注意练习图形界限（LIMITS）、直线（LINE）、圆（CIRCLE）、圆弧（ARC）、删除（ERASE）和重画（REDRAW）等命令的使用方法；练习绝对坐标、相对坐标、相对极坐标、直接距离等输入方法的使用。注意各命令中各选项的使用条件。命令调入的形式：（1）从相应菜单中选取；（2）从相应工具栏点击相应图标；（3）从命令行中直接输入命令名。

四、练习步骤

1. 开机后，左键双击 AutoCAD 快捷图标，或点击开始按钮在程序中单击 AutoCAD 各版本，运行 AutoCAD。

2. 建新图。在弹出的对话框中（有四种方式：Use a Wizard 使用向导，开始新图；Use a Template 使用样板，开始新图；Start from Scratch 使用默认设置直接进入，开始新图；Open a Drawing 打开已有图形文件）单击 Start from Scratch 按钮，在 Select Default 列表框中单击 Metric 项（公制单位），单机 OK 按钮，进入绘图环境。

3. 设置绘图界限。点击菜单"格式"中绘图界限或在命令行输入 LIMITS，在命令行提示中输入左下角点和右上角点坐标值（X，Y）或选用默认值。

4. 绘制图幅线、边框线和标题栏。

（1）调用直线命令（LINE）（可从命令行输入 L 或点击绘图工具栏的直线图标），在命令行的提示中输入图幅各点坐标［可用绝对坐标 X，Y；相对坐标输入@X，Y；或打开正交（F8），移动光标方向，采用直接距离输入法 L］。绘图时，使用的输入方法不一定要相同，可根据自己的使用情况选择。例如，画 A4 图幅线。

方法 1：使用绝对坐标法输入

单击直线图标

在 From point 提示符下输入 0，0 回车；

在 To point 提示符下输入 210，0 回车；

在 To point 提示符下输入 210，297 回车；

在 To point 提示符下输入 0，297 回车；

在 To point 提示符下输入 c 回车。

方法 2：使用相对坐标输入法输入

单击矩形图标

第一角点输入 0，0 回车；

下一角点输入@210，297 回车；

（2）选择偏移命令后，选图幅线输入偏移距离 10 回车（图纸幅面和标题栏的尺寸见图 1-1、图 1-2）。

5. 存盘。左键点击"文件（FILE）"下拉菜单。点击"另存为"，弹出 Save Drawing

As 对话框，打开另存为类型下拉列表选（＊.dwt）模板文件，在文件名栏输入：A4-1 文件名，单击"保存"，返回到图形。

6. 按练习内容要求进行绘图。如例图 1-1 所示。

（1）单击绘图工具栏绘直线图标，打开正交（F8），在绘图区合适位置确定起点（单击鼠标左键），用相对坐标法（＠X，Y）或直接距离输入法（用光标给出方向，输入距离 L）至第三点，可输入 C（闭合），完成矩形。

（2）单击绘图工具栏绘圆图标，在合适位置确定圆心，单击左键，在命令行的提示行中直接输入半径值，完成圆图形。

（3）单击绘图工具栏中圆弧图标或选绘图菜单→圆弧→起点、终点、半径选项，在屏幕上给出圆弧的起点、终点，在提示行输入半径值，完成圆弧图形。

（4）调用直线命令，输入起点，用相对极坐标法（＠L＜角度）输入其他点，完成例图 1-1 中的图（4）。

（5）在绘图中如果画错，可用删除命令（ERASE）或单击修改工具栏橡皮图标。使用方法：先选命令，后选目标，鼠标右键删除或先选目标，后选命令直接删除。

7. 赋名存盘。操作同练习步骤 5。在另存为类型下拉列表选（＊.dwg）图形文件，单击保存。

8. 退出 AutoCAD。单击绘图屏标题栏右角×关闭；点击文件菜单→退出或在命令行输入：QUIT（EXIT）。

例图1-1

(1)

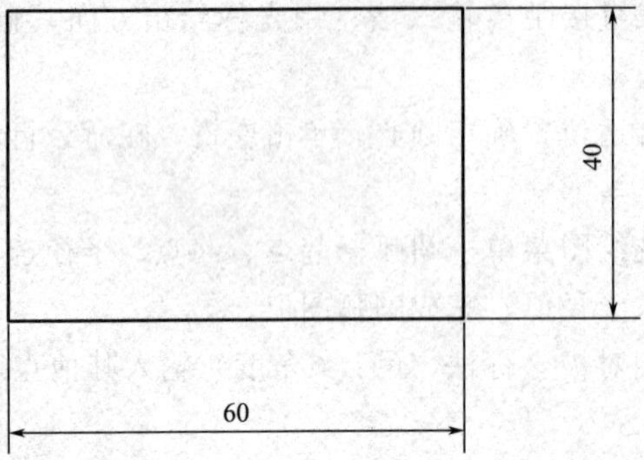

(2)

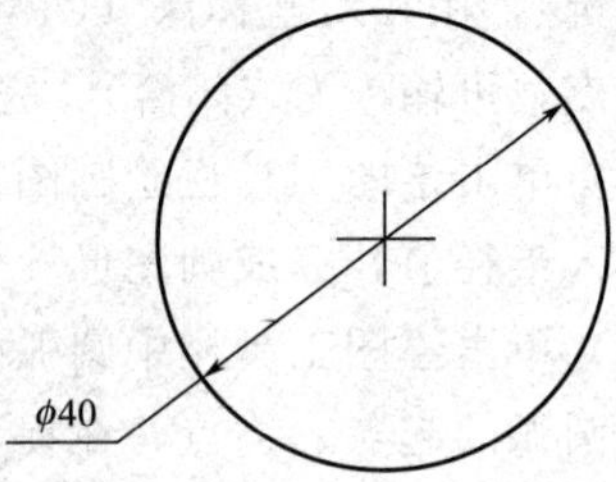

$\phi 40$

(3)

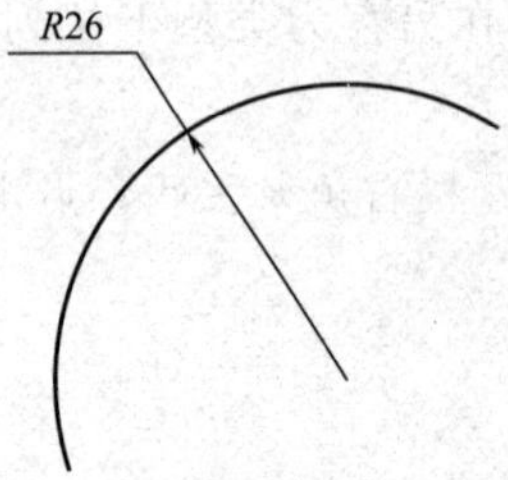

R26

(4)

60

45

30

15

15

30

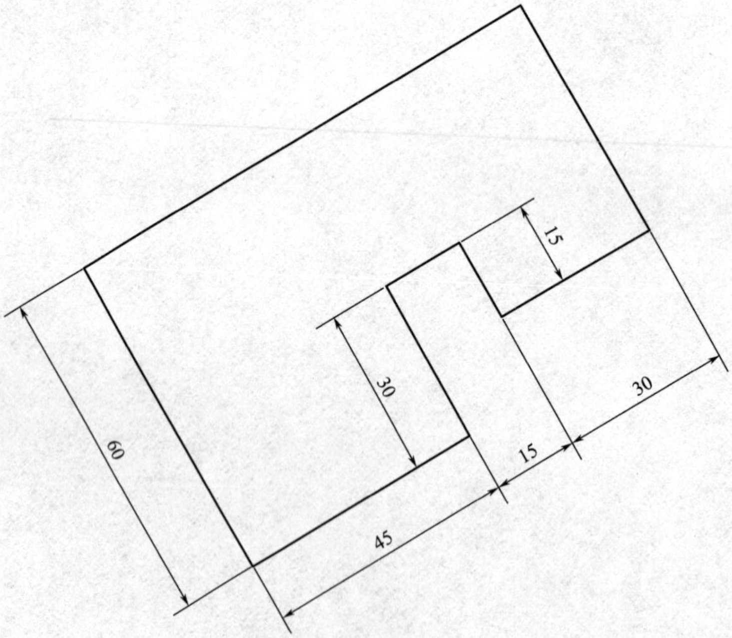

例图1-2

(1)

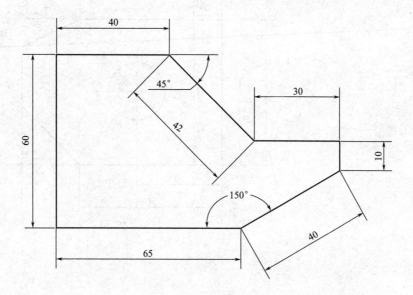

(2)

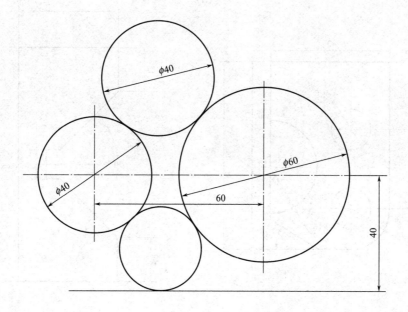

例图1-3

(1)

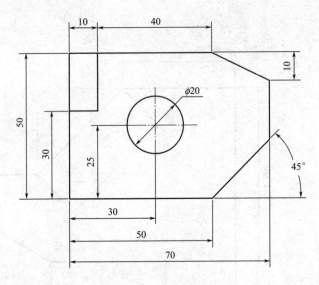

(2)

(3)

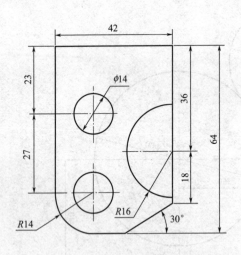

例图1-4

(1)

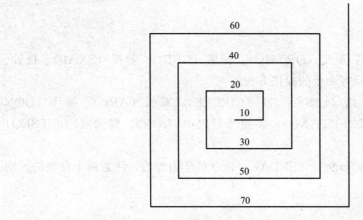

(2)

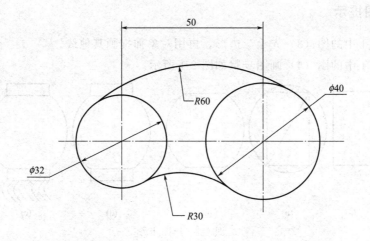

练习二　基本绘图练习

一、练习目的

1. 练习绘图辅助工具：正交（ORTHO）、栅格（GRID）、捕捉（SNAP）、极轴、对象捕捉（OSNAP）、对象追踪等命令的操作方法。

2. 练习绘图命令：直线（LINE）、圆（CIRCLE）、圆弧（ARC）、圆环（DONUT）、多义线（PLINE）、矩形（RECTANG）、多边形（POLYGON）、椭圆（ELLIPSEO）等命令的使用方法。

3. 练习修剪（TRIM）和断开（BREAK）命令的使用方法，注意两个命令的区别。

二、练习内容

绘制练习二例图 2-1 和例图 2-2 的图形，选绘例图 2-3～例图 2-5 的图形。

三、练习要求

1. 例图 2-1 中的图（1）和图（4）要保证椭圆和圆的圆心在四边形的中心上（利用对象捕捉绘制）。

2. 例图 2-1 中的图（2）要使直线与圆相切。

四、作图提示

1. 例图 2-1 中的图（3）先绘三边形，再用对象捕捉画其他线。

2. 例图 2-1 中的图（4）画图步骤如图 2-1 所示。

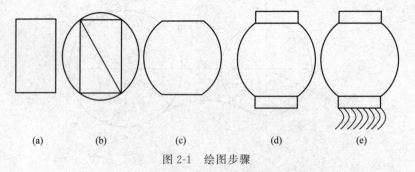

| (a) | (b) | (c) | (d) | (e) |

图 2-1　绘图步骤

3. 例图 2-1 中的图（5）外框用多段线绘制直线和圆弧。

五、练习步骤

1. 进入 AutoCAD。选模板文件 A4-1。

2. 绘制练习二的内容。画例图 2-1 中图（1）。

（1）调用矩形（RECTANG）命令（左键单击绘图工具栏的矩形图标或采用其他输入命令的方法），画矩形，利用相对坐标法输入左下角点，右上角点坐标。

（2）调用直线（LINE）命令，打开状态栏的对象捕捉，单击右键选设置，在对话框中设置需要的捕捉方式，确定。利用中点捕捉画两条中线。

（3）调用椭圆（ELLIPSE）命令（左键单击绘图工具栏的椭圆图标或用其他方法），选中点为椭圆心的方式（CENTER），捕捉两中线的交点为椭圆心，给出长半径和短半径，完成作图（注意：先给出的半径的方向将决定椭圆的方向）。

3. 绘制例图 2-1 中的图（2）。

（1）调用圆（CIRCLE）命令，画圆；重复圆的命令（直接回车或左键单击圆的命令的图标），捕捉圆心，画同心圆；重复圆的命令，画另一圆。

（2）调用直线命令，打开捕捉工具，选切点捕捉，捕捉圆的切点，确定切线的第一点，捕捉另一圆同一侧的切点，完成切线的绘制；如法炮制，画另一切线，完成例图 2-1 中的图（2）。

4. 画例图 2-1 中的图（3），见作图提示。

5. 画例图 2-1 中的图（4），见作图提示。

6. 调用多义线（PLINE）命令，画例图 2-1 中的图（5）外框，利用其选项直线（L）/圆弧（ARC）的转换，画直线和圆弧；再调用椭圆、正多边形（POLYGON）、圆、圆环（DONUT）、直线命令画图框中的其他图形（图中平行四边形，调用直线命令，利用对应边相等的关系，采用直接距离输入法确定两对应边的边长，完成全图；正多边形输入命令后，给出边数，确定圆心 C 或选边 E，如果选圆心，则选内接正多边形 I/外切正多边形 C，确定圆的半径；圆环的命令只能从菜单或命令行输入，其后提示输入圆环的内径，再提示输入外径，确定圆环的圆心）。

7. 赋名存盘，退出 AutoCAD。

例图2-1

(1)

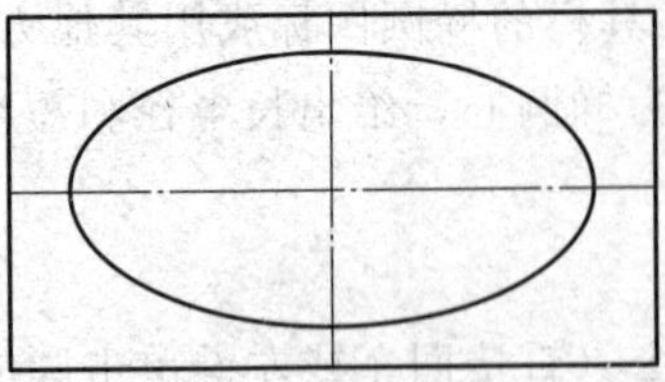

(2)

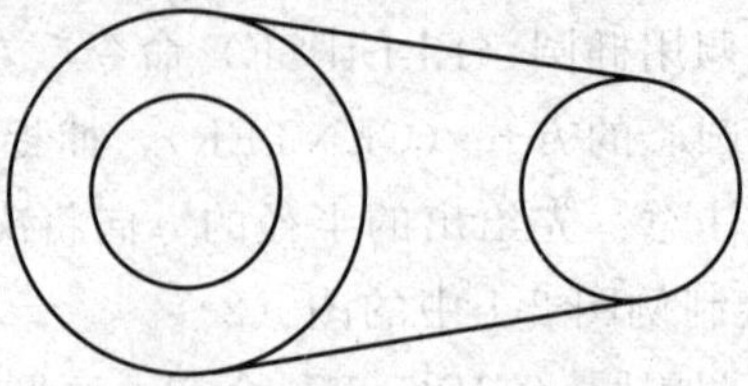

(3)

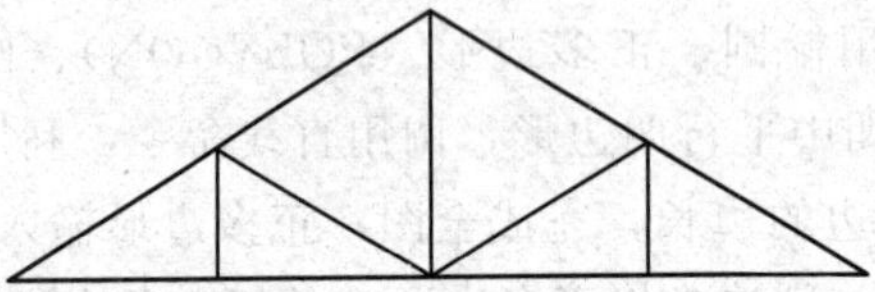

(4)

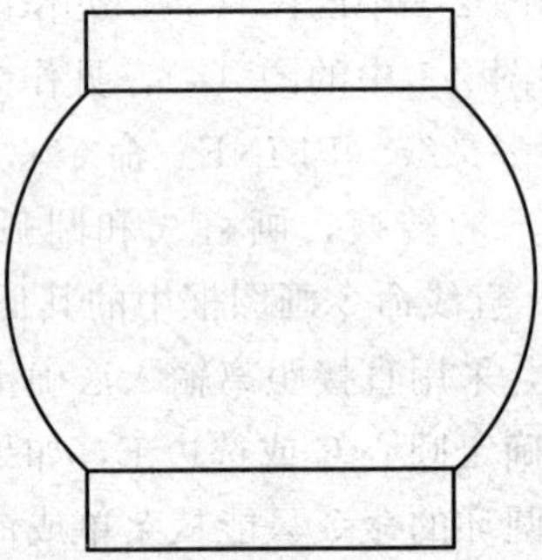

(5)

例图2-2

(1)

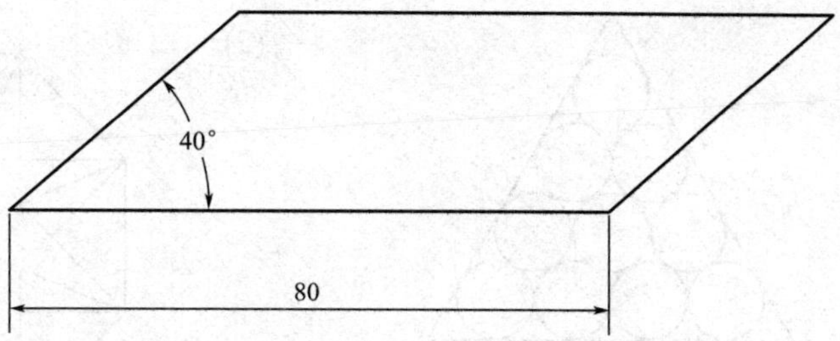

40°

80

(2)

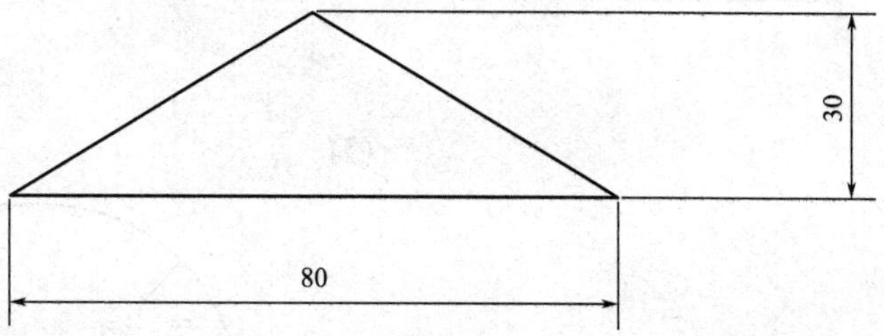

30

80

(3)

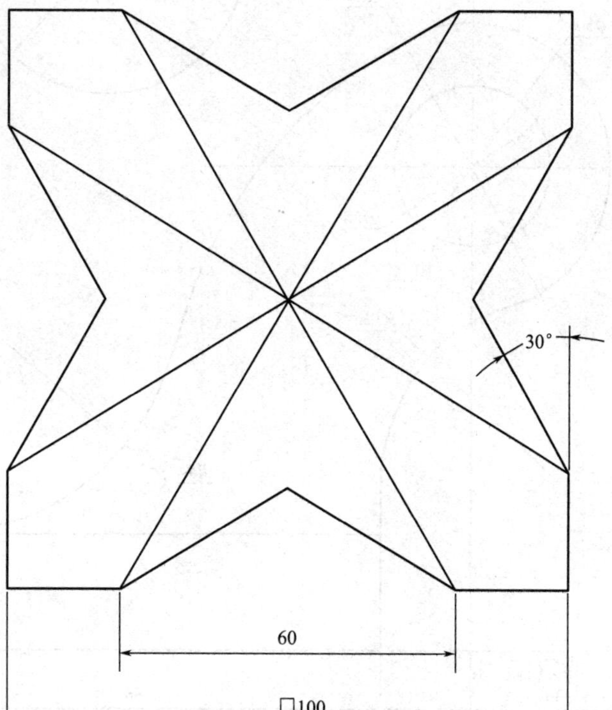

30°

60

□100

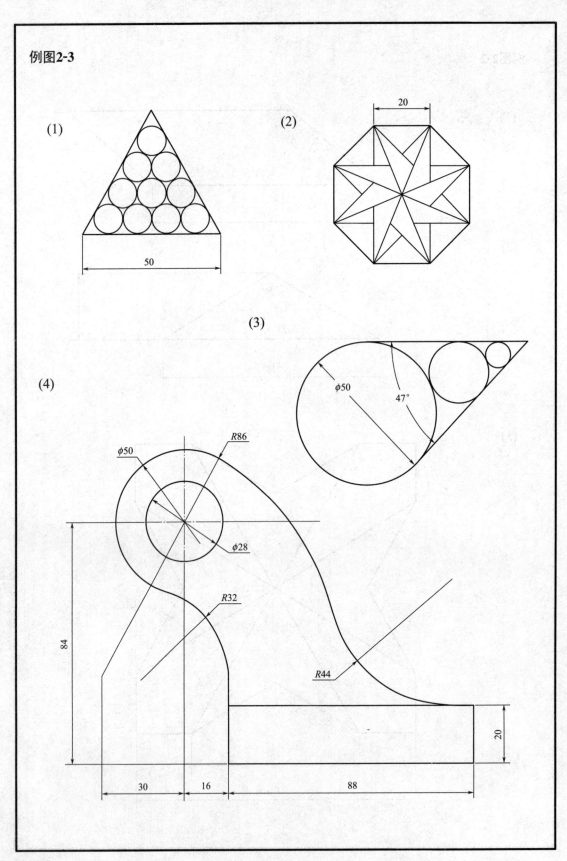

例图2-3

(1)

(2)

(3)

(4)

例图2-4

(1)

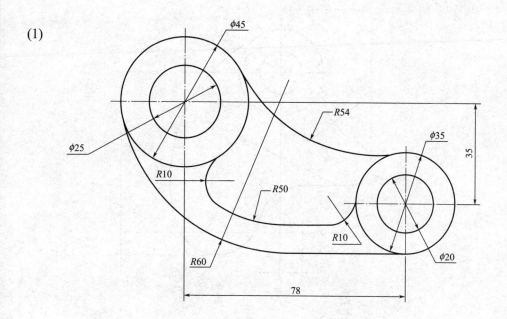

(2)

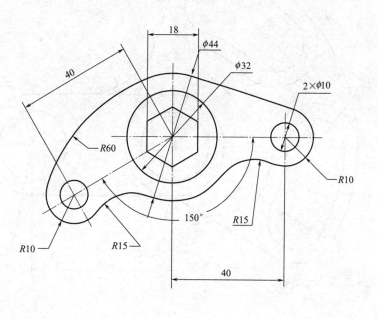

例图2-5

(1)

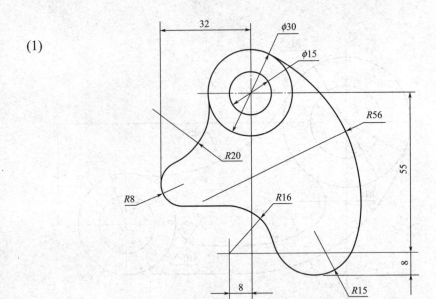

(2)

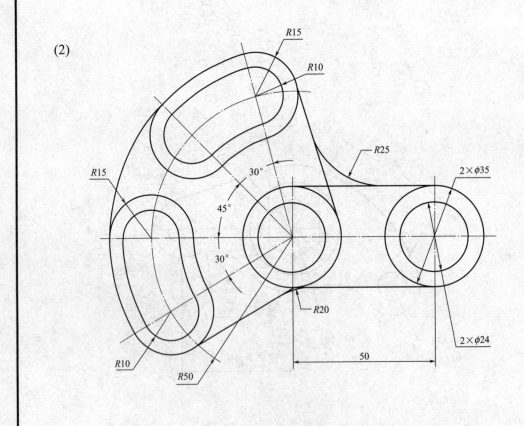

练习三 编辑命令的操作和使用

一、练习目的

1. 练习编辑命令的操作。
2. 继续练习绘图命令的操作。

二、练习内容

绘制本练习例图 3-1 和例图 3-2 的图形，选绘例图 3-3 和例图 3-4 的图形。

三、练习步骤

1. 打开样本文件 A4-1.dwt。

2. 绘制例图 3-1 中的图（1）。画出图（1）（a），用镜像（MIRROR）命令画出图（1）（b）。调用镜像（MIRROR）命令→选取要镜像的对象→给出镜像的轴线（轴线上的两点）→保留原图（默认选项）→回车。

3. 按照国家标准，h＝字高，$H=1.4h$ 画出表面粗糙度符号，然后用阵列（ARRAY）命令进行一行四列的阵列或用多重复制（COPY）命令进行复制（如图 3-1 所示）。调用阵列命令，选取阵列对象，选取矩形阵列（R），给出行数和列数，给出行距和列距（注：正值时，向上、向右；负值时，向下、向左）。

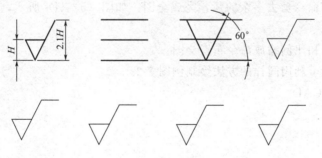

图 3-1 作图步骤

4. 复制（COPY）图（1）（c）并放大（SCALE）2 倍，如图（1）（d）。调用复制命令（COPY），选取复制对象，给出复制基点或选多重复制，给出目标复制的终点位置。调用缩放命令（SCALE），选取要缩放的实体目标，确定缩放基点，确定绝对比例系数。

5. 用旋转（ROTATE）命令和移动（MOVE）命令将表面粗糙度符号标到图（1）（d）中，如图（1）（e）所示。调用旋转命令（ROTATE），选取要旋转的实体目标，确定旋转基点，确定实际绝对旋转角度或输入 R 选相对参考角度方式。

6. 用阵列命令（ARRAY）绘制例图 3-1 中的图（2）和图（3）。调用阵列命令（AR-RAY），选取阵列目标，选取矩形阵列（R）或圆形阵列（P）方式。图（2）选圆形阵列，确定圆形阵列中心，给出拷贝总数，确定圆形阵列的图形所占圆周对应的圆心角。选择圆形阵列时是否旋转实体目标，是（Y），否（N）。

7. 绘制例图 3-1 中的图（4）和图（5）。

（1）图（4）作图提示

① 画正方形（RECTANG）abcd，起点 a，长 ab 为 50。画 R50 的弧（ARC）。如图（4）（a）。画直线（PLINE），起点为 ab 的中点，长为 25，再用 R25 的弧连接到 c 点。最后用偏移（OFFSET）命令画小弧和直线，如图（4）（b）所示。

② 镜像（MIRROR）bd 弧和两条直线与弧连接的多段线，镜像线为对角线 bd，如图（4）（c）所示。

③ 把图（4）（c）修剪为图（4）（d），后进行圆形阵列（ARRAY），阵列中心为点 b，阵列数为 4，如图（4）（e）所示。

（2）图（5）作图提示

① 画直线 AB，长为 68。分别以直线两端点 A、B 为圆心、16 为半径画圆 A 和 B，如图（5）（a）所示。

② 用相切、相切、半径（T）的方式画 R98 的圆。用修剪命令（TRIM）或断开命令（BREAK）删除大弧，如图（5）（b）（注意：断开点用捕捉方式）所示。

③ 画直线，起点捕捉 R98 弧的中点 C，CD＝70，DE＝24，EF＝6，FG＝16，如图（5）（c）所示。

④ 以 F 点为中心，G 点为起点，用起点、圆心、圆心角（角度为－90°）方式画弧，如图（5）（c）所示。

⑤ 用相切、相切、半径（T）方式画 R16 的圆，如图（5）（d）所示。

⑥ 用修剪命令修剪圆和弧，后用镜像命令画出右边的直线和圆弧，如图（5）（e）所示。

⑦ 最后用修剪命令剪去多余的弧，完成全图，如图（5）（f）所示。再用移动命令把图移动到适当的位置。

8. 用移动命令和比例缩放命令布置全图。

9. 赋名存盘。可利用同样的方法绘制例图 3-2。

10. 退出 AutoCAD。

例图3-1

(1)

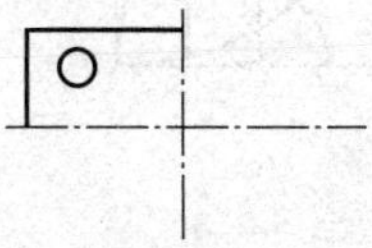

(a) 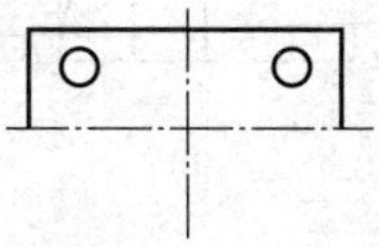   (b) 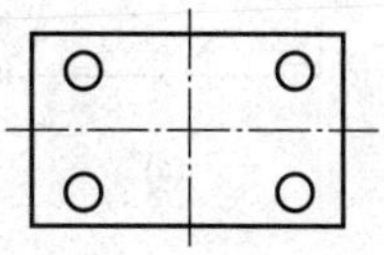   (c)

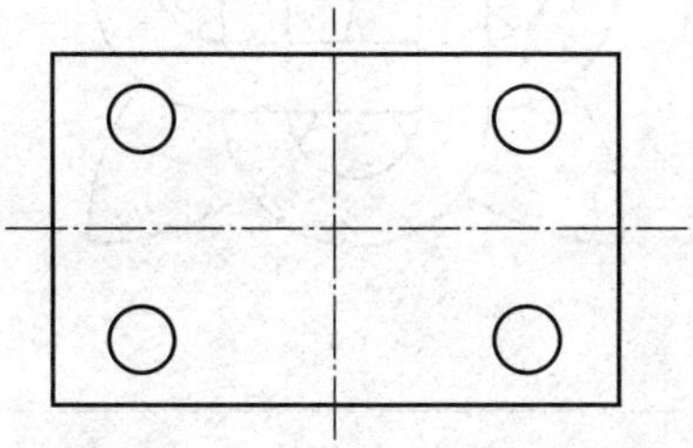

(d) 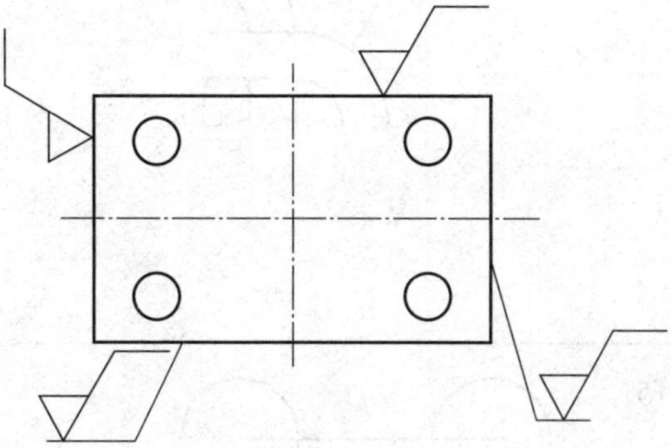   (e)

(2)   (3)

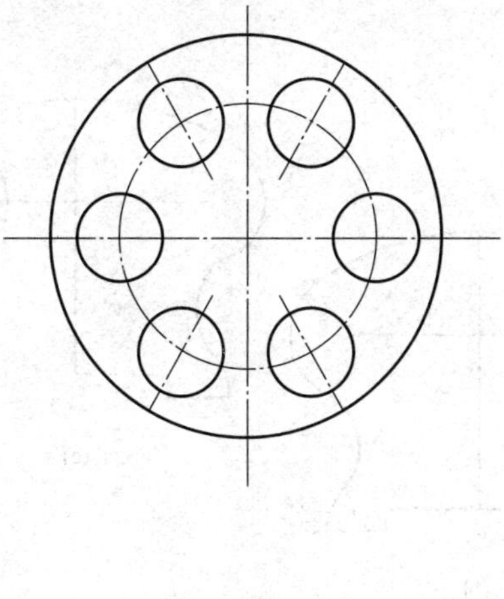

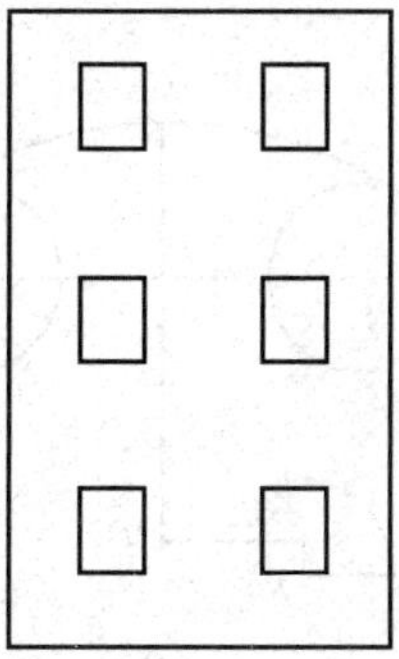

(4)

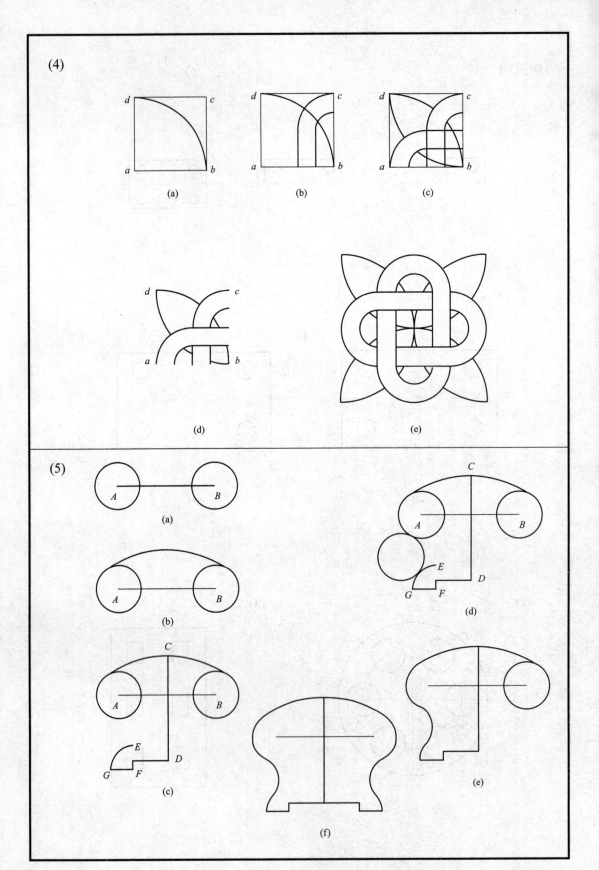

(a)

(b)

(c)

(d)

(e)

(5)

(a)

(b)

(c)

(d)

(e)

(f)

例图3-2

(1)

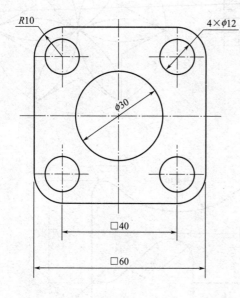

(2)

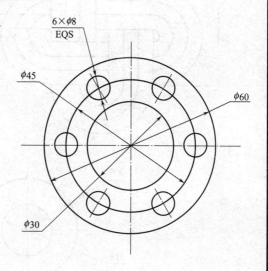

(3)

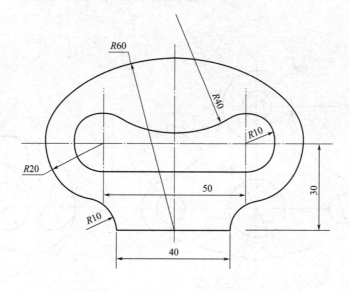

例图3-3

(1)

(2)

(3)

(4)

(5)

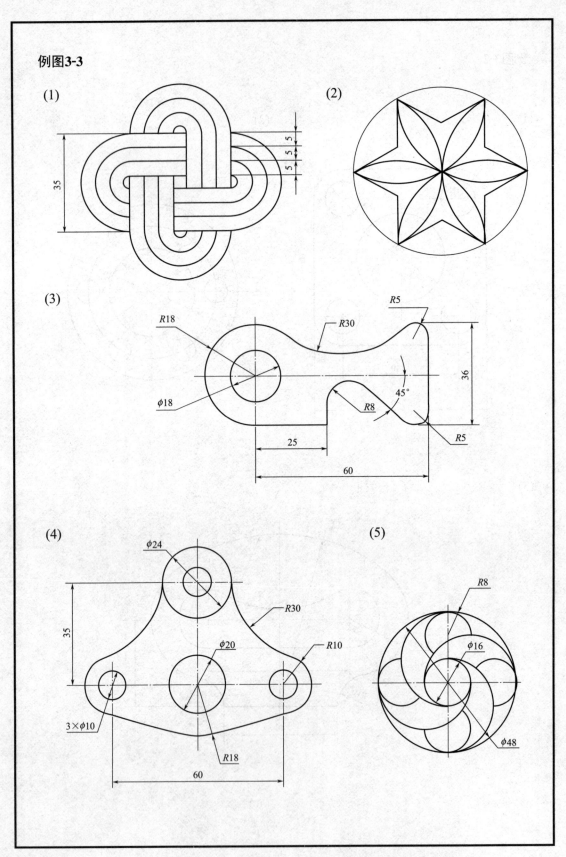

例图3-4

(1)

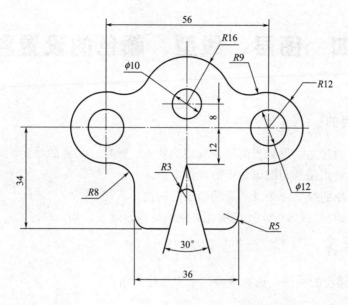

(2)

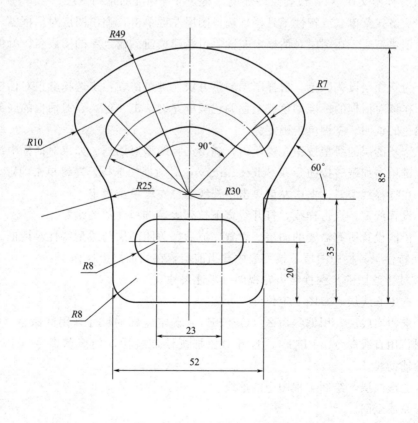

练习四　图层、线型、颜色的设置和使用

一、练习目的

1. 学习图层的建立、设置当前层及线型的装入、颜色、层名的设定。
2. 继续练习绘图命令和编辑命令的操作方法。
3. 练习"对象捕捉"命令及"透明命令"的使用。
4. 练习自动捕捉（OSNAP）极轴、对象追踪的设定及应用。

二、练习内容

抄绘齿轮和圆盘的视图，选画端盖、平皮带轮视图。

三、练习步骤

1. 打开样本文件 A4，设置绘图环境，建立符合标准的系列图层。

（1）从格式菜单（或特性工具栏）选择图层左键单击，弹出图层对话框。

（2）创建新层。在图层对话框中左键单击新建按钮。输入新的图层名，就创建了一个新的图层。

（3）为新图层设置颜色。选择图层颜色方块左键单击，弹出选择颜色对话框。

（4）在该对话框的标准颜色或全色调色板中左键单击一色。在对话框的底部显示颜色方块和该颜色的说明。左键单击确定。

（5）选新图层的线型按钮左键单击，弹出选择线型对话框。如果对话框中没有需要的线型，应左键单击加载…按钮，在 Select Linetype 对话框中选择，左键单击确定。

（6）在选择线型对话框中左键单击所选线型，左键单击确定。

（7）设置线宽，点击样线，打开线宽下拉列表，选择合适的线宽。

（8）依次设置所有需要的图层。设置完成后，关闭图层与线型特性对话框。

2. 在特性工具栏中图层下拉列表中选当前层，在当前层上操作。

3. 按徒手绘图的步骤抄绘齿轮视图（不注尺寸）。

（1）选中心线层，布图、定位。

（2）选粗实线层，用偏移命令（OFFSET）确定轮廓的尺寸，用圆命令（CIRCLE）画粗实线圆，用直线命令（LINE），打开对象捕捉绘制视图，用修剪命令（TRIM）修剪视图，删除辅助线。

（3）选虚线层，绘制主视图中的虚线。

（4）完成全图。

4. 赋名存盘。可用相同的步骤，绘制其他例图中的视图。

5. 退出 Auto CAD。

常用图层一般设置参考表 4-1，常用的线宽参考表 4-2，字体和图幅之间的关系参考表 4-3。

表 4-1　常用图层一般设置

线　型	颜　色	线　型	颜　色
粗实线	绿色	虚线	黄色
细实线	白色	细点画线	红色
波浪线	白色	粗点画线	棕色
双折线	白色	双点画线	粉红色

表 4-2　常用的线宽（一般优先采用第四组）

组别	1	2	3	4	5	一般用途
线宽/mm	2.0	1.4	1.0	0.7	0.5	粗实线、粗点画线
	1.0	0.7	0.5	0.35	0.25	细实线、波浪线、双折线、虚线、细点画线、双点画线

表 4-3　字体和图幅之间的关系

图　幅	A0	A1	A2	A3	A4
汉字	h	5		3.5	
字母与数字					

注：h＝汉字、字母和数字的高度

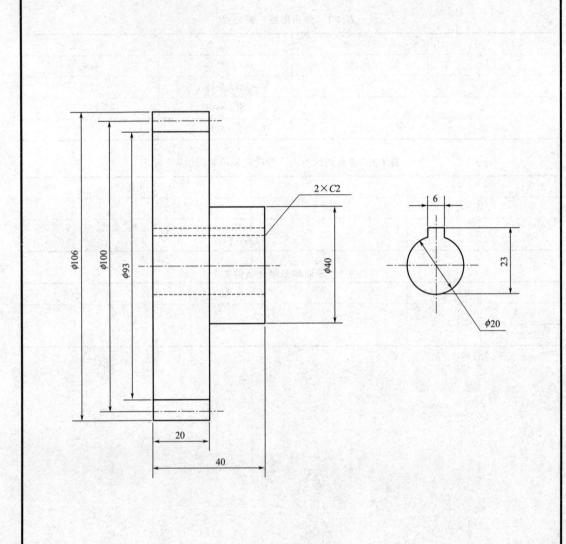

标记	处数	分区	更改文件号	签名	年月日			45		
设计			标准化							
						阶段标记	重量	比例		齿轮
审核									1:1	
工艺			批准			共　张　第　张				

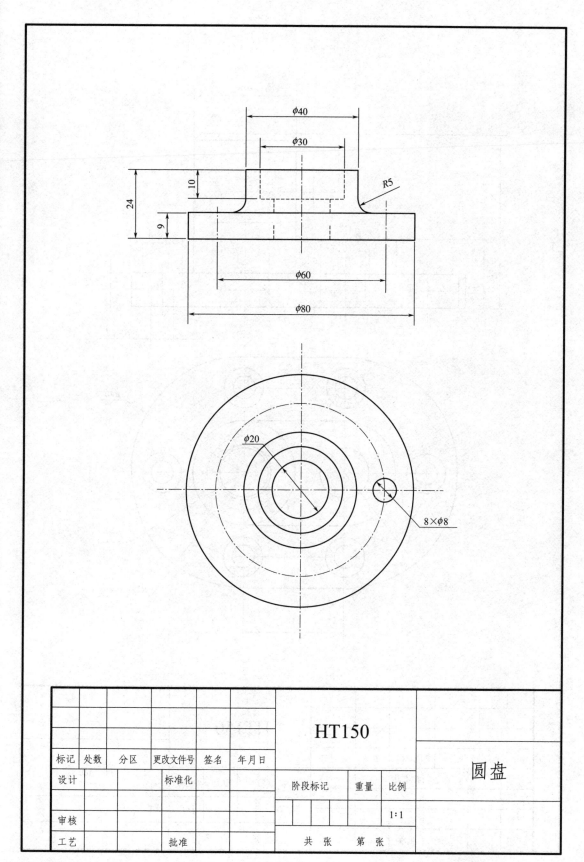

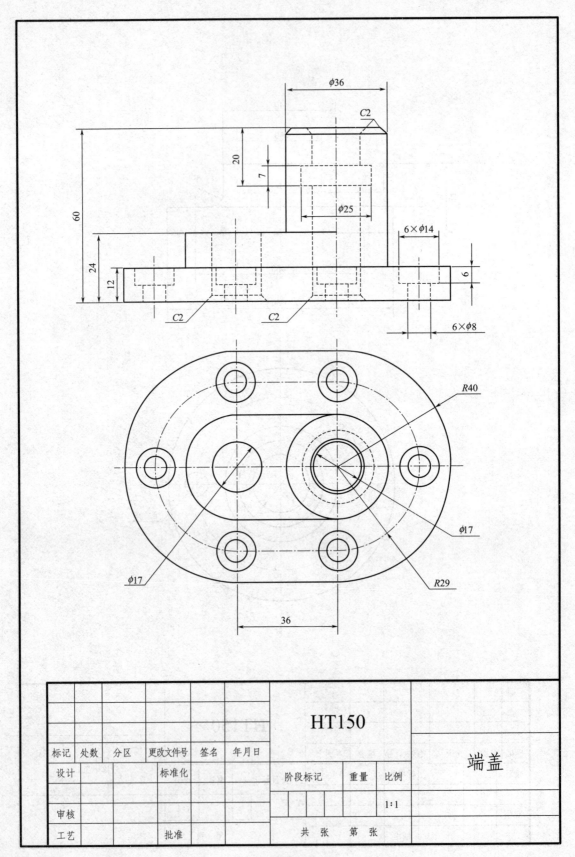

$\phi36$

C2

20

7

$\phi25$

60

24

12

$6\times\phi14$

6

C2

C2

$6\times\phi8$

R40

$\phi17$

$\phi17$

R29

36

标记	处数	分区	更改文件号	签名	年月日				
设计			标准化						
审核									
工艺			批准						

HT150

端盖

阶段标记　　重量　　比例

1：1

共　张　第　张

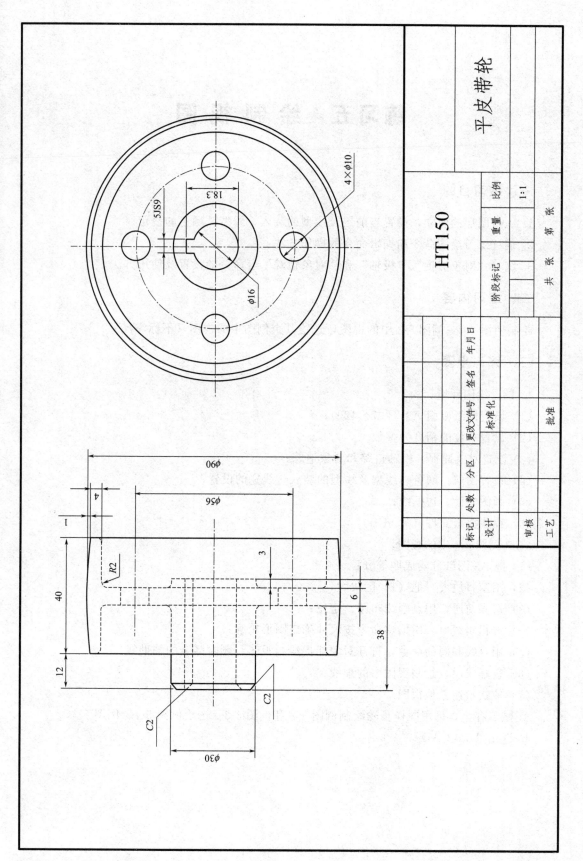

平皮带轮

HT150

比例 1:1

阶段标记　重量

共　张　第　张

标记　处数　分区　更改文件号　签名　年月日

设计

标准化

审核

工艺

批准

4×φ10

5JS9

18.3

φ16

φ90

φ56

φ30

R2

40

38

12

1

3

6

C2

C2

练习五　绘　制　视　图

一、练习目的

1. 练习图层的建立，设置当前层及线型的装入，线型、颜色的设定。
2. 继续练习绘图命令和编辑命令的操作方法。
3. 练习"对象捕捉"、"极轴"和"对象追踪"等命令的设置及使用方法。

二、练习内容

绘制例图 5-1～例图 5-3 中的视图，选绘其余例图中的视图（不标注尺寸）。

三、练习步骤

1. 设置绘图环境：
(1) 设置图纸幅面 A3（297×420）；
(2) 设置单位的精度为整数；
(3) 设置对象捕捉、极轴追踪和对象追踪；
(4) 设置图层、颜色、线型及线型的装入，线宽的设置；
(5) 画图幅面、边框线；
(6) 存成模板文件（∗.dwt）。
2. 画例图 5-1 中的视图。
(1) 把 A3 图纸分隔成四等分；
(2) 用窗口放大，把（1）区放大；
(3) 选当前层，用点画线布图、定位；
(4) 选粗实线层，用偏移命令按尺寸确定图形轮廓；
(5) 用直线和圆的命令，打开对象捕捉绘制视图，删除多余的辅助线；
(6) 选虚线层，绘制视图中的虚线；
(7) 依次绘制其他视图。
3. 赋名存盘，可用同样步骤绘制例图 5-2 和例图 5-3。选绘例图 5-4、例图 5-5。
4. 退出 Auto CAD。

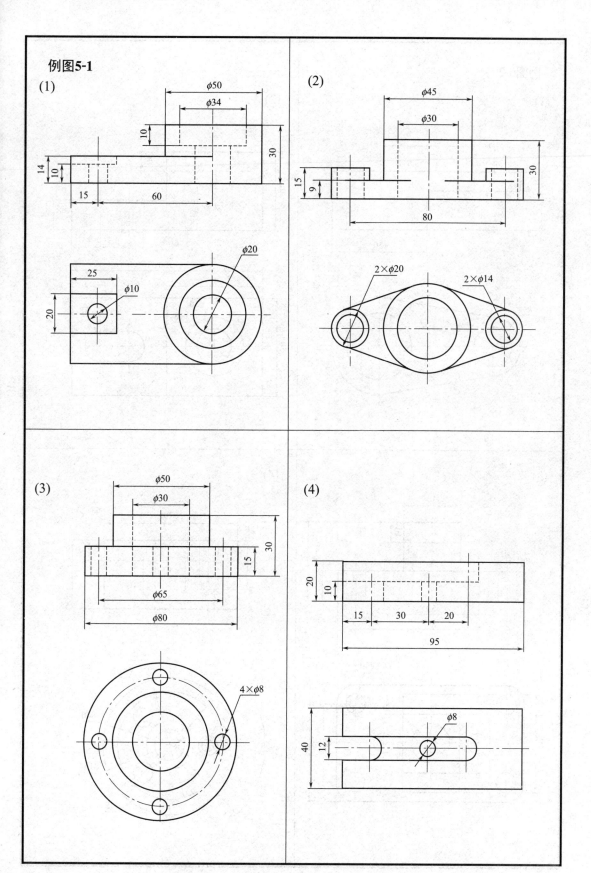

例图5-1

(1)

(2)

(3)

(4)

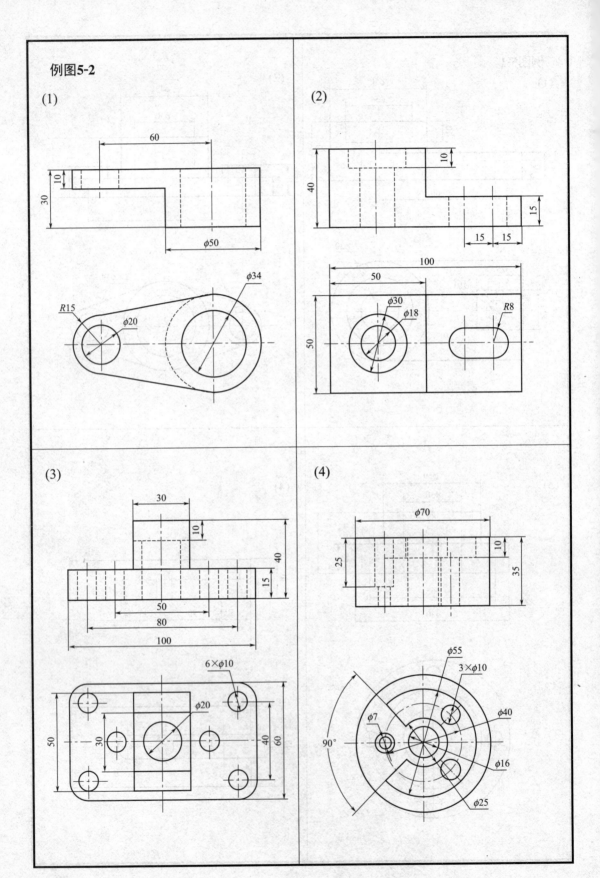

例图5-2

(1)

(2)

(3)

(4)

例图**5-3**

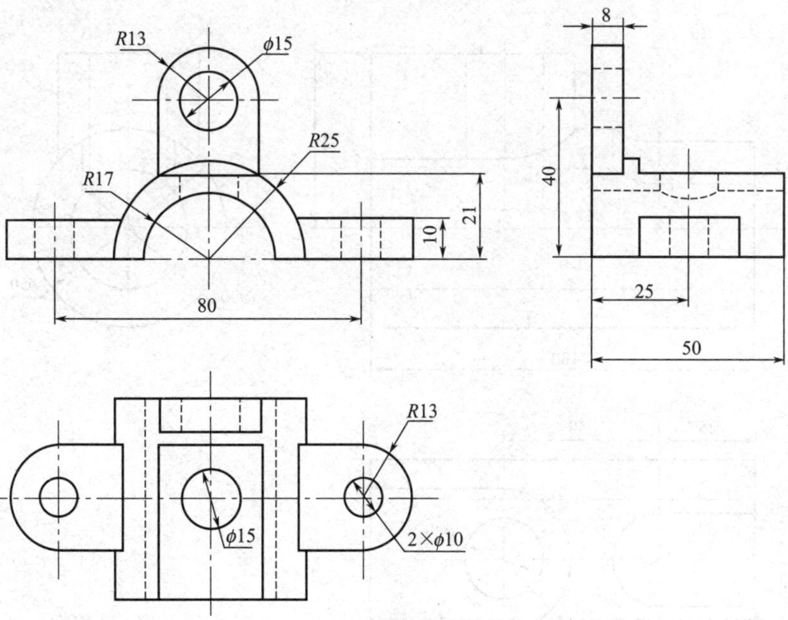

(1)

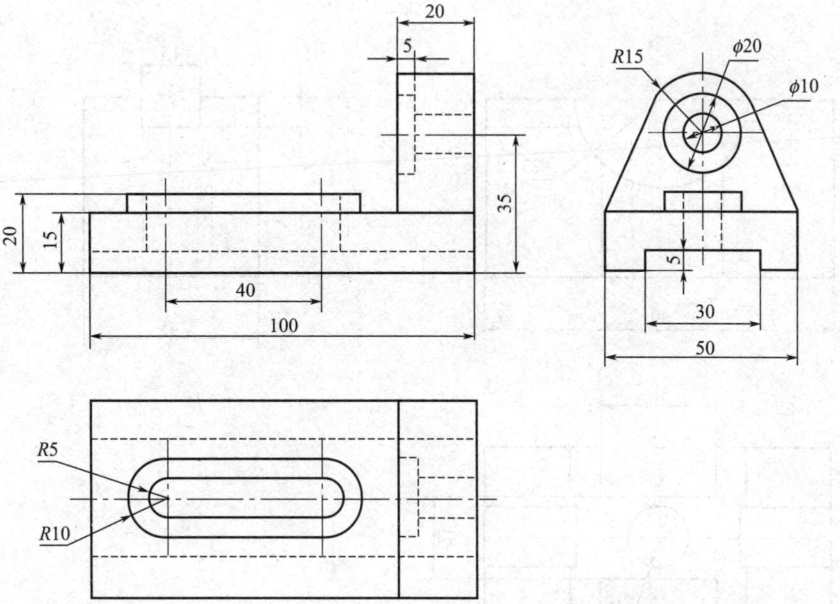

(2)

例图5-4

(1)

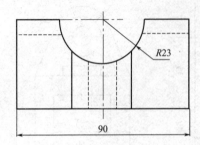
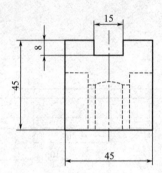

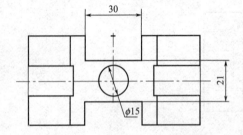

(2)

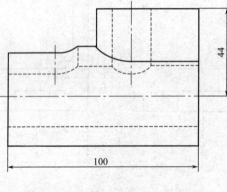
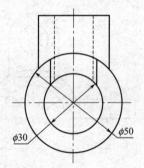

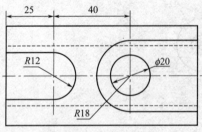

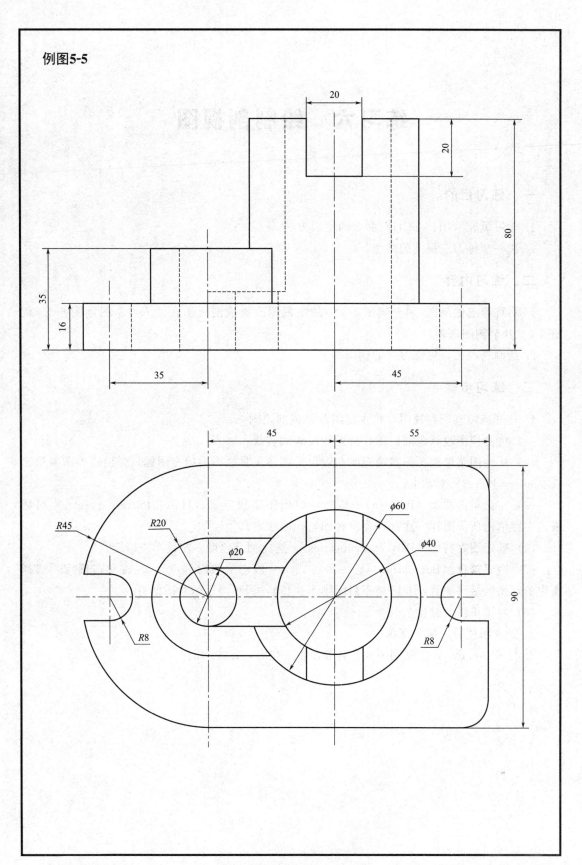

例图5-5

练习六　绘制剖视图

一、练习目的

1. 学习填充（BHATCH）命令的使用方法。
2. 进一步练习三视图的画法。

二、练习内容

1. 将练习五的例图 5-1～例图 5-3 中的主视图改画成剖视图，见练习六的例图 6-2～例图 6-4。其余例图选画。
2. 绘制三视图，见练习六的例图 6-1。

三、练习步骤

1. 打开练习五所存视图，将主视图改画成剖视图。

（1）将主视图改画成剖视图，将虚线改画成实线；

（2）从绘图菜单选择图案填充或左键单击绘图工具栏图案填充图标，弹出边界图案填充（Boundary Hatch）对话框；

（3）左键单击图案（Pattern）…按钮，弹出图案预定义（Hatch Pattern Palettr）对话框，左键单击所需图样（注意：要符合国家标准规定）；

（4）确定图案特性（Pattern Properties），选比例及角度，左键单击确定；

（5）边界选择（Boundary），选一种方式（一般选拾取内部点），左键单击确定，选择图中的封闭区域（注意：若区域不封闭则不执行），回车，返回对话框；

（6）左键单击"进行"。

2. 完成图样后，赋名存盘。

3. 打开 A4.dwt，绘制例图 6-1 中组合体三视图，方法同前。

例图6-1

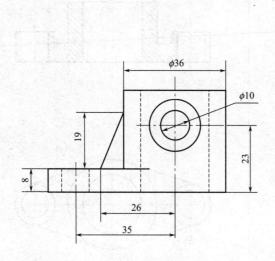

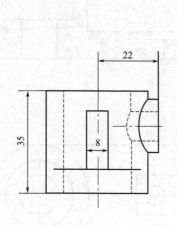

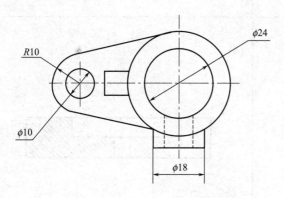

标记	处数	分区	更改文件号	签名	年月日				
设计			标准化			阶段标记		重量	比例
									1:1
审核									
工艺			批准			共 张 第 张			

例图6-2

(1)

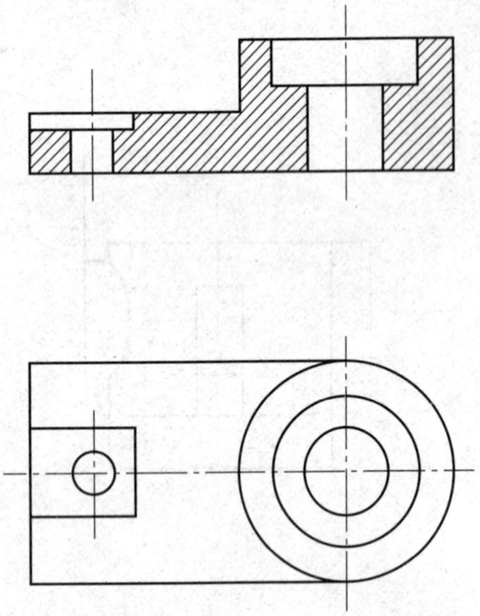

(2)

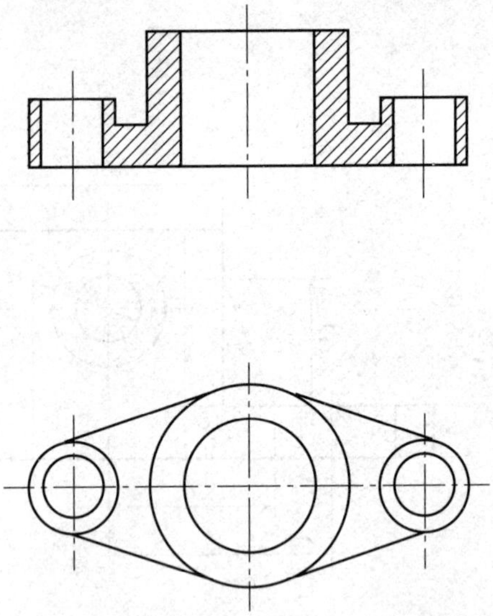

(3)

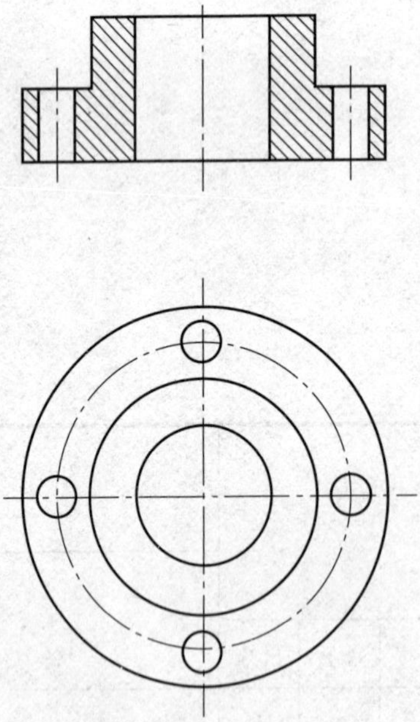

(4)

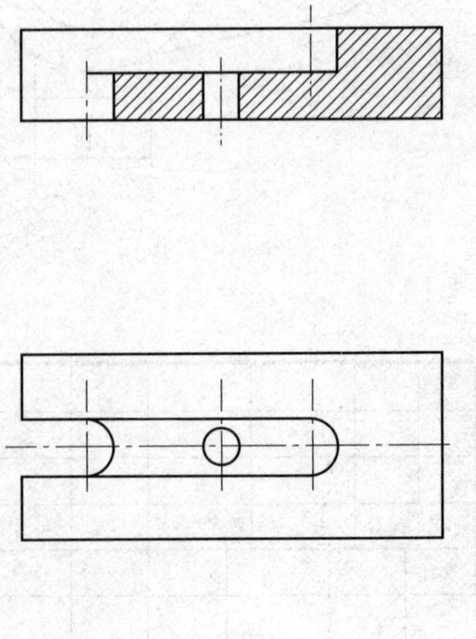

例图6-3

(1)

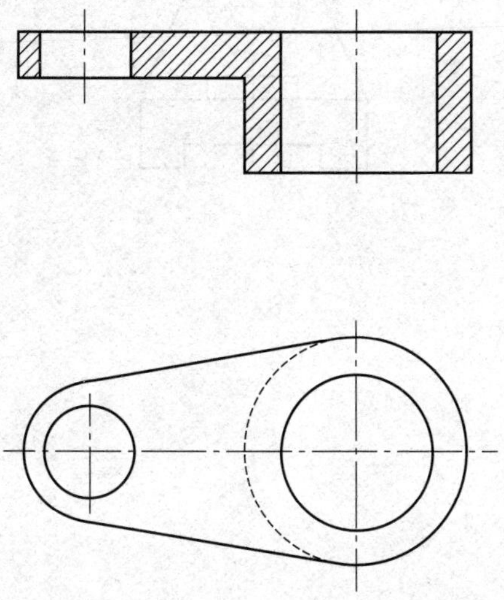

(2)

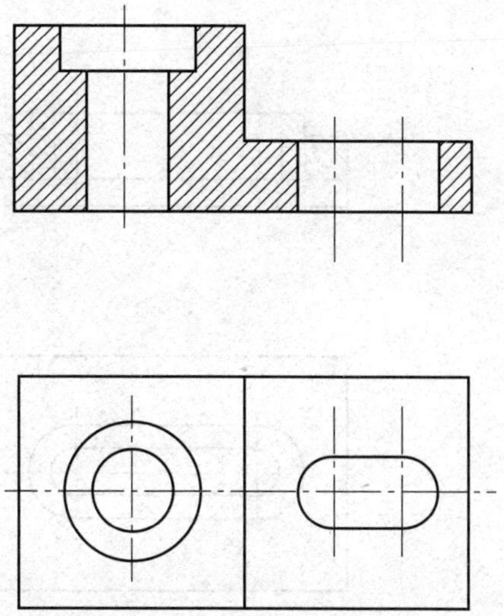

(3)

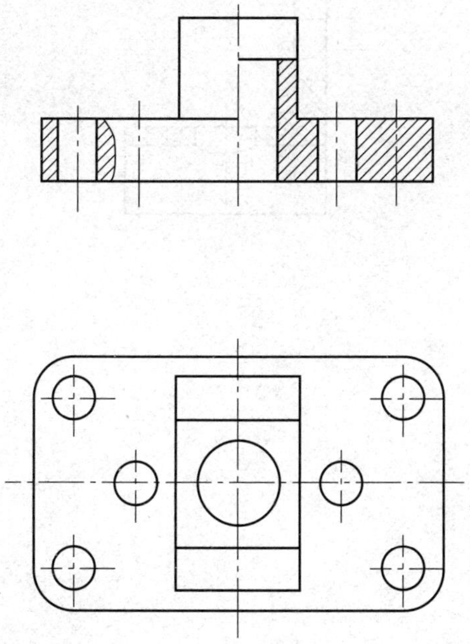

(4)

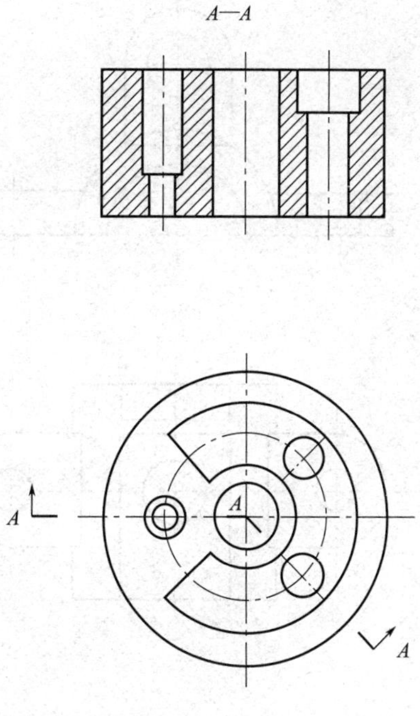

$A-A$

A

A

· 37 ·

例图6-4

(1)

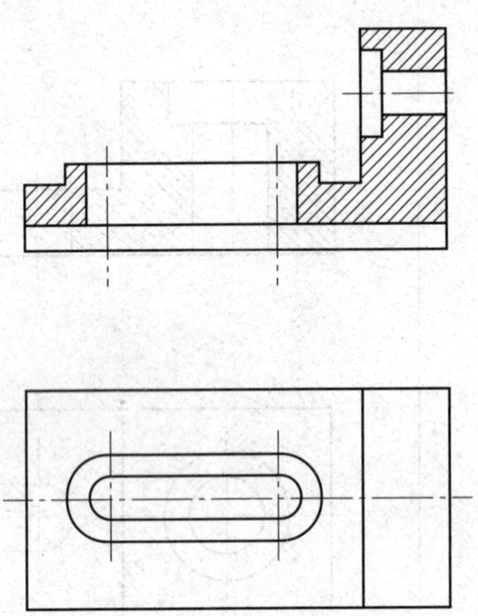

(2)

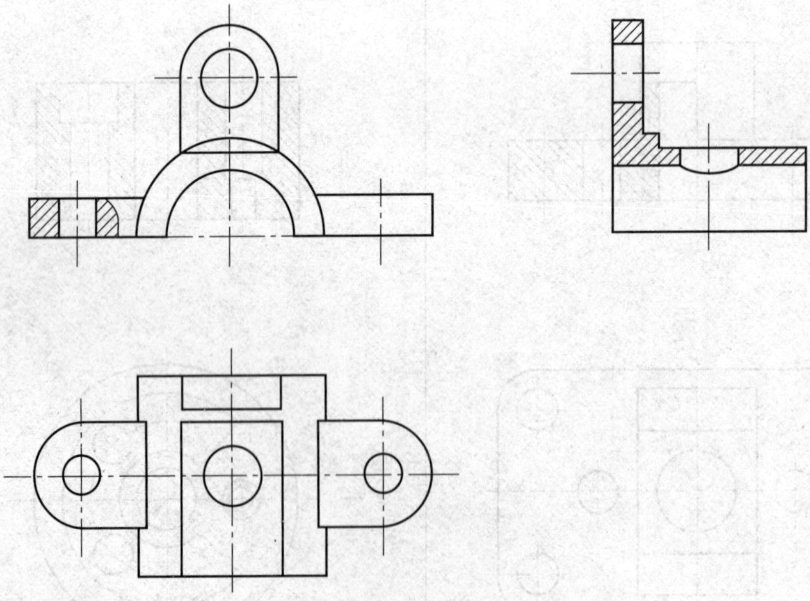

例图6-5

(1)

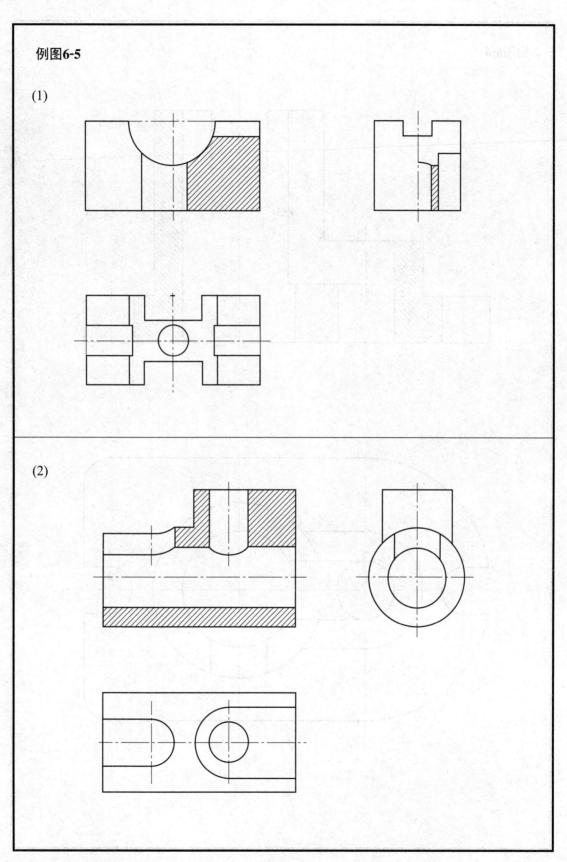

(2)

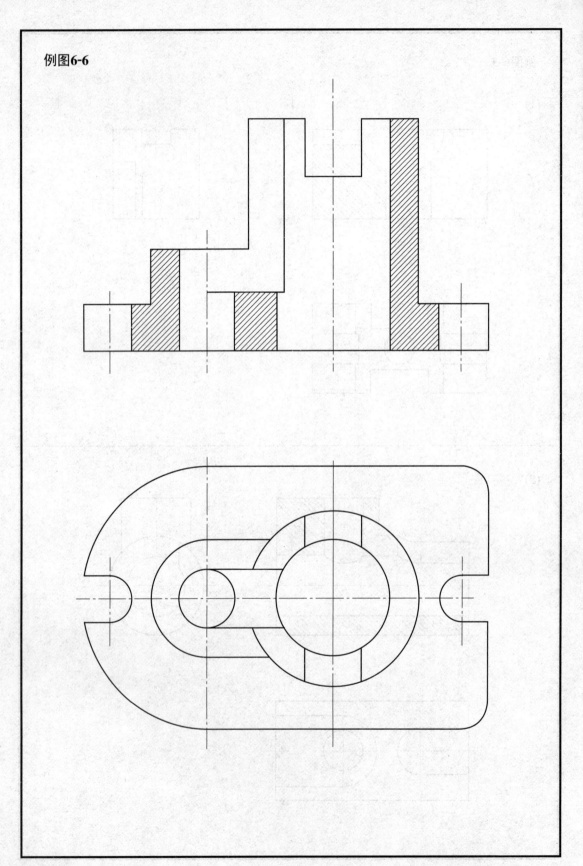

例图6-6

练习七 尺寸标注

一、练习目的

练习尺寸参数的设置和尺寸标注命令的使用，以及尺寸公差和形位公差的标注方法。掌握尺寸的编辑方法。

二、练习内容

先将练习六中的例图 6-1 改画成剖视图并标注尺寸，见练习七例图 7-1。再将练习六的各个例图标注尺寸，见练习七的例图 7-2～例图 7-4 和其余例图。

三、练习步骤

1. 进入 AutoCAD，打开练习六的例图 6-1 改画成剖视图（波浪线用样条曲线命令 SPLINE）。

2. 创建尺寸标注样式。

(1) 在主菜单格式下选择标注样式，出现标注样式管理器对话框。

(2) 选取修改按钮，弹出"修改标注样式"对话框。在此对话框中选择直线按钮，将其中的起点偏移量由 0.625 改为 0；单击符号和箭头按钮选择箭头类型为实心闭合；单击文字按钮将字高改为 3.5；单击调整按钮在选项中选第四项文字和箭头；单击主单位按钮将小数分隔符改为句号。换算单位选择无。

(3) 若要标注"公差"，则需要另设一个新的标注样式，打开"公差"标签，公差尺寸设置为极限偏差方式、精度为 0.000、上偏差值默认为正值，下偏差值默认为负值，标注时不控制小数中的零的显示，"公差"对齐方式为底对齐，字高系数为 0.7。其余使用缺省值。其他同前。

3. 给三视图标注尺寸，赋名存盘。

4. 打开练习六的例图 6-2～例图 6-4 标注尺寸，选作其余例图，分别赋名存盘。

5. 退出 AutoCAD。

例图7-1

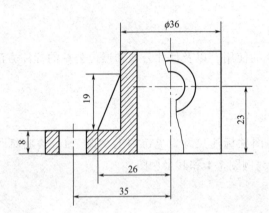

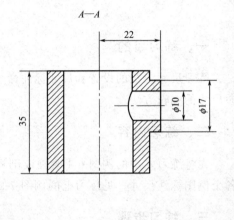

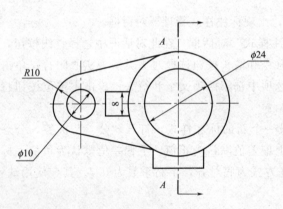

标记	处数	分区	更改文件号	签名	年月日				
设计			标准化			阶段标记		重量	比例
审核									
工艺			批准			共 张 第 张			

例图7-2

(1)

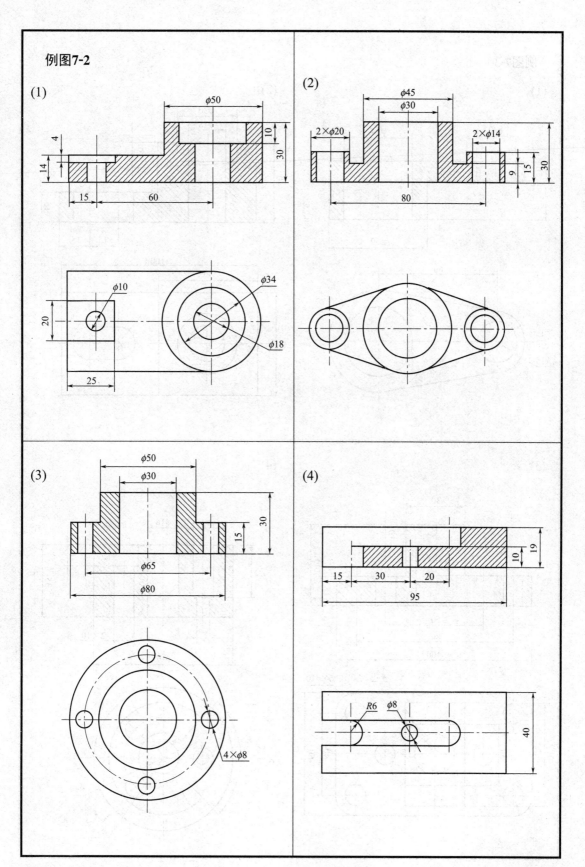

(2)

(3)

(4)

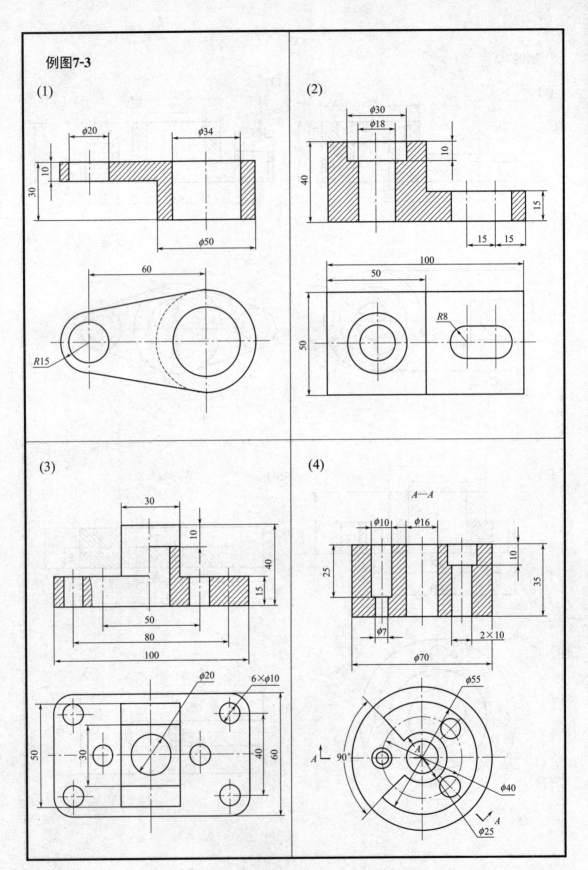

例图7-3

(1)

(2)

(3)

(4)

例图7-4

(1)

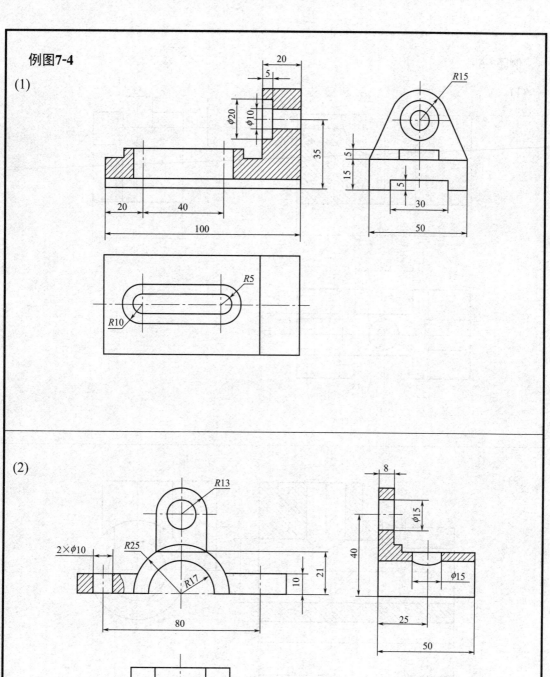

(2)

例图7-5

(1)

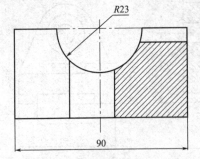

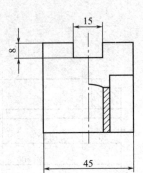

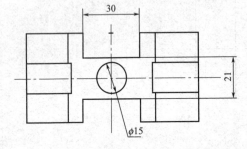

(2)

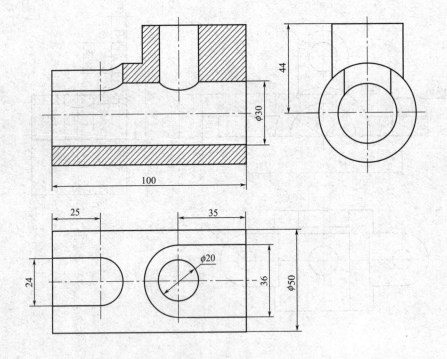

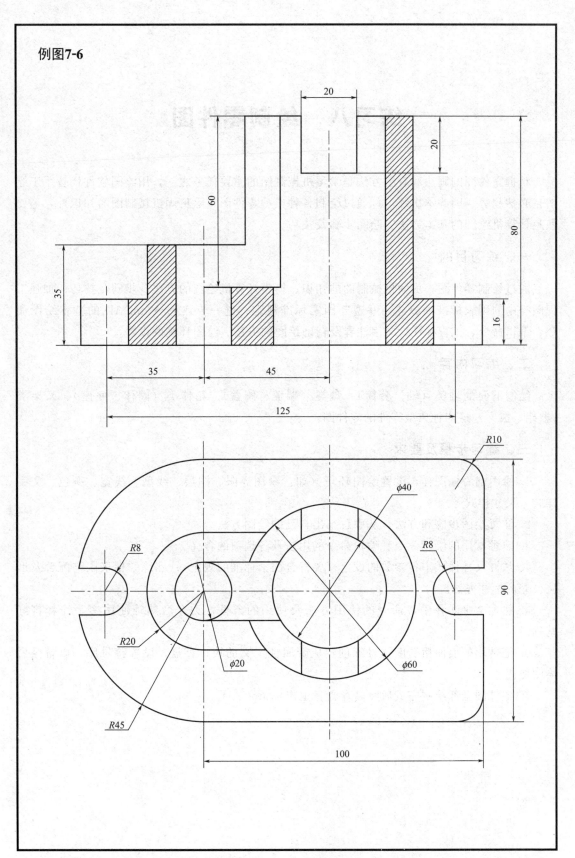

例图7-6

练习八 绘制零件图

掌握零件图的画法和看图方法是学习机械制图的主要任务之一，用绘图软件代替手工绘图是必然趋势。因此本次练习，通过绘制各种典型零件图，除巩固机械制图的知识外，还要熟悉计算机绘图的基本方法、绘图步骤及技巧。

一、练习目的

通过绘制零件图，巩固机械制图的知识；摸索计算机绘图的方法、步骤及技巧；加强工程图样中的国家标准的概念，并遵守国家标准规定；进一步熟悉 AutoCAD 的基本绘图命令、编辑命令、工程标注、文字注释及精确绘图的方法、绘图环境的设置。

二、练习内容

绘制下面的轴类（轴、套筒）、盘类（端盖、阀盖）、箱体类（阀体、底座）、叉架类（轴架、拨叉）这四种典型零件的零件图。

三、练习步骤及要求

1. 绘图前看懂图样，设置绘图环境（如：绘图界限、图层、线型、线宽、颜色、文字样式、尺寸样式等）。

2. 注意绘图步骤和方法，从中总结出自己的绘图方法。

3. 熟悉常用的绘图命令、编辑命令的用法及各选项的含义。

4. 掌握尺寸样式中各参数的设定（要符合国家标准的规定）；熟练掌握极限与配合及形位公差的标注方法。

5. 熟悉文字注释中各命令的使用方法及使用的条件，为今后熟练使用文字注释打好基础。

6. 把常用的表面粗糙度符号等创建成带属性定义的块，存盘，设置符号库，以备今后绘图使用。

7. 零件图全部绘制完成后赋名存盘，退出 AutoCAD。

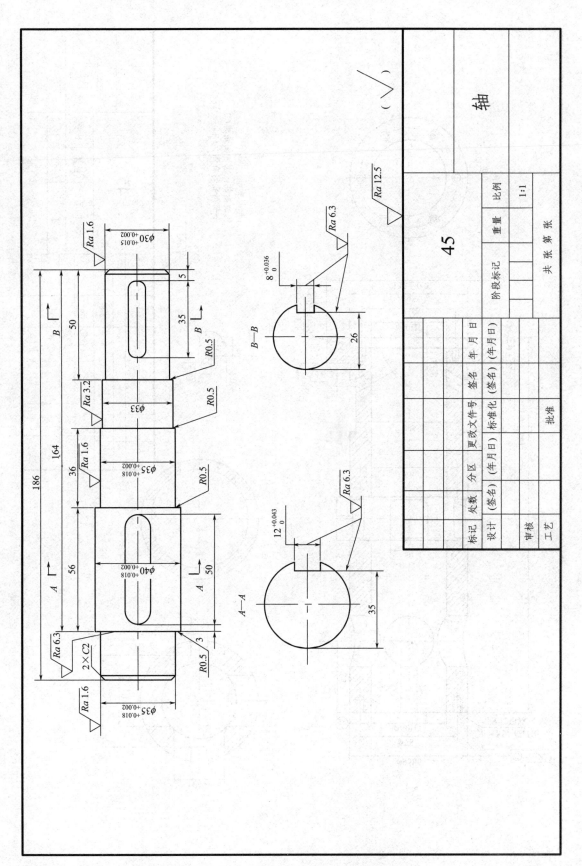

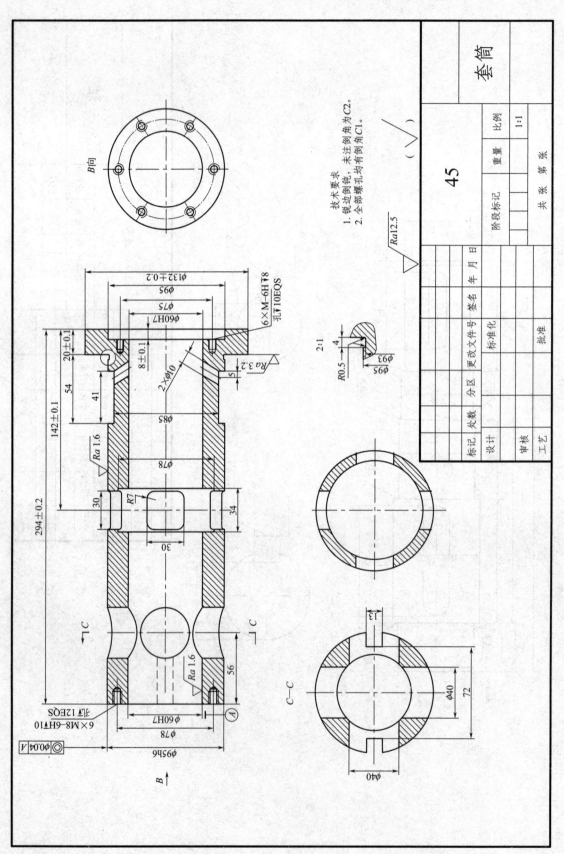

技术要求
1. 锐边倒钝, 未注倒角为C2。
2. 全部螺孔均有倒角C1。

$\sqrt{Ra12.5}$ $(\sqrt{})$

套筒

45

阶段标记		重量	比例
			1:1
		共 张	第 张

标记	处数	分区	更改文件号	签名	年 月 日		
设计				标准化			
审核							
工艺				批准			

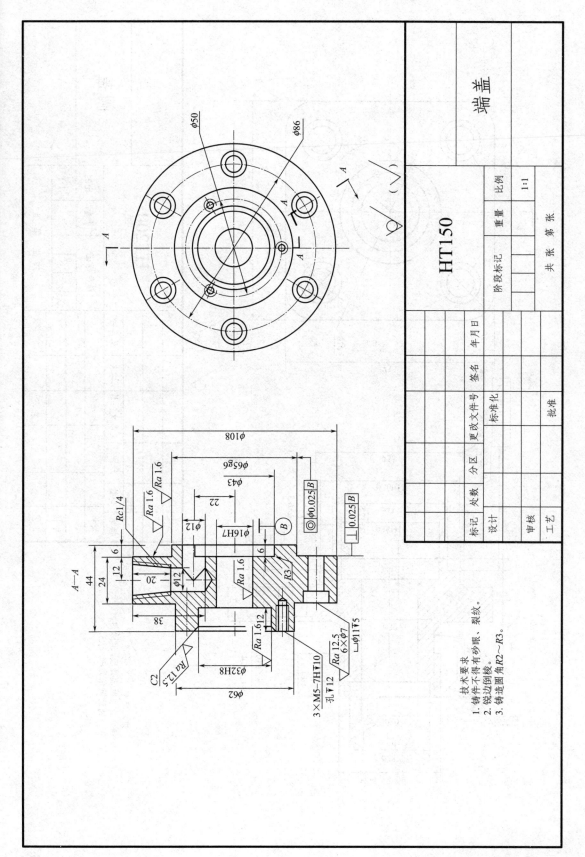

技术要求
1. 铸件不得有砂眼、裂纹。
2. 锐边倒棱。
3. 铸造圆角 R2～R3。

端盖

HT150

比例 1:1

共 张 第 张

· 51 ·

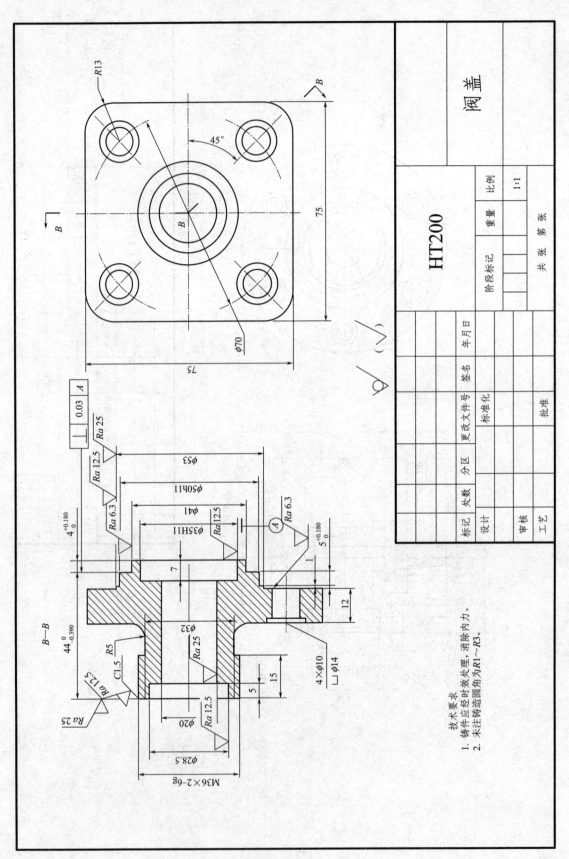

技术要求
1. 铸件应经时效处理，消除内力。
2. 未注转造圆角为R1～R3。

HT200

						阀 盖

		阶段标记	重量	比例	
				1:1	
		共 张	第 张		

标记	处数	分区	更改文件号	签名	年月日
设计			标准化		
审核					
工艺			批准		

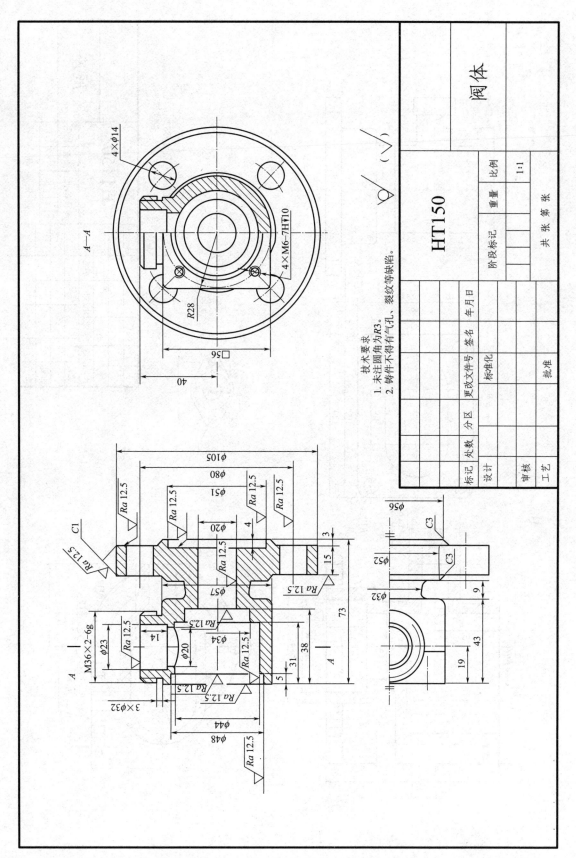

阀体

HT150

技术要求
1. 未注圆角为R3。
2. 铸件不得有气孔、裂纹等缺陷。

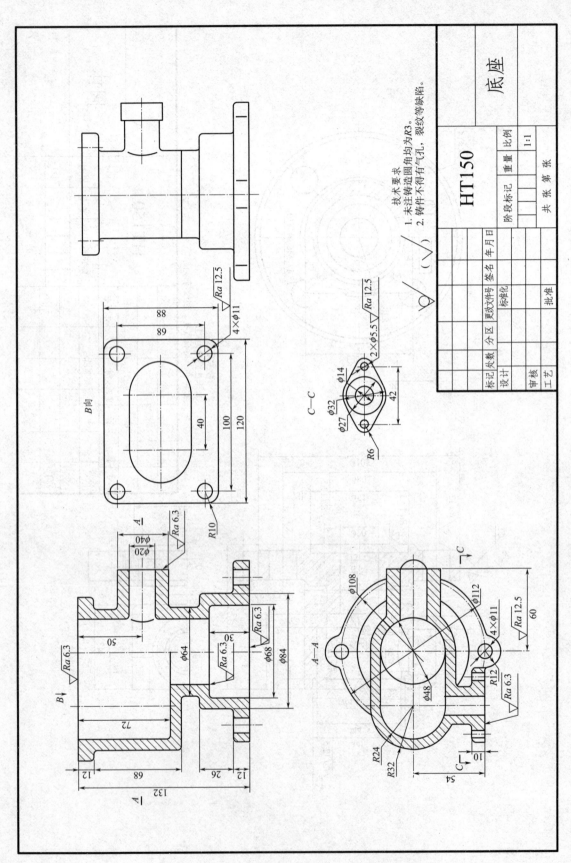

技术要求
1. 未注铸造圆角均为R3。
2. 铸件不得有气孔、裂纹等缺陷。

底座

HT150

比例 1:1

共 张 第 张

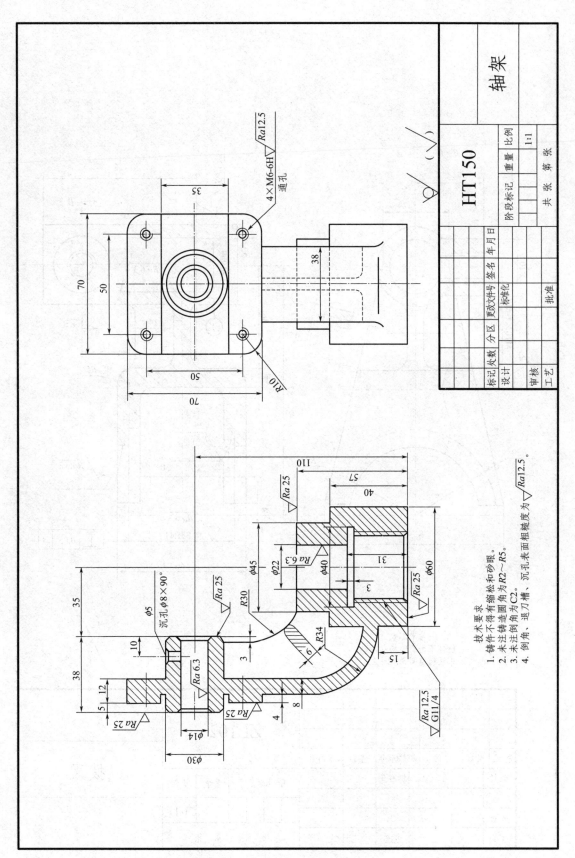

技术要求
1. 铸件不得有缩松和砂眼。
2. 未注铸造圆角为R2~R5。
3. 未注倒角为C2。
4. 倒角、退刀槽、沉孔表面粗糙度为 $\sqrt{Ra12.5}$。

4×M6-6H $\sqrt{Ra12.5}$ 通孔

$\sqrt{\quad}$

$(\sqrt{\quad})$

HT150

轴架

阶段标记		重量	比例
			1:1
		共 张	第 张

标记	处数	分区	更改文件号	签名	年月日
设计			标准化		
审核					
工艺			批准		

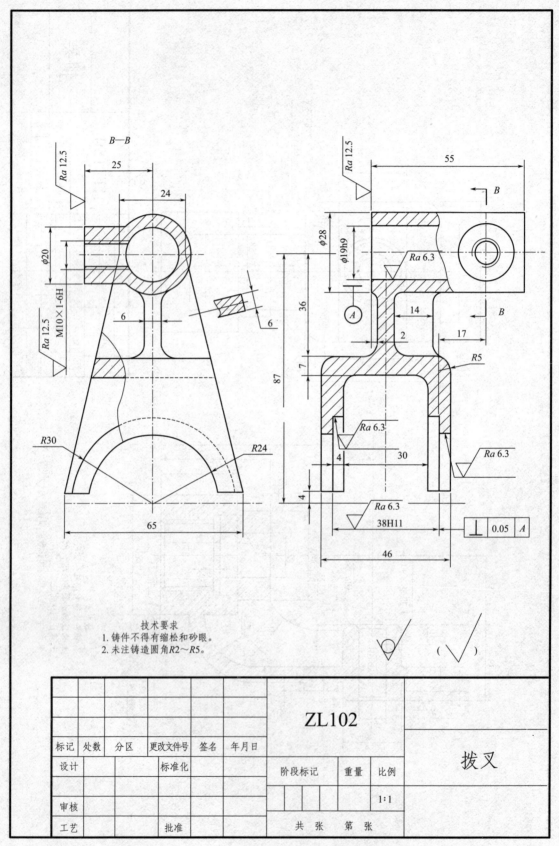

技术要求
1. 铸件不得有缩松和砂眼。
2. 未注铸造圆角R2～R5。

						ZL102			拨叉
标记	处数	分区	更改文件号	签名	年月日				
设计			标准化			阶段标记	重量	比例	
								1:1	
审核									
工艺			批准			共 张 第 张			

练习九　绘制千斤顶装配图

　　掌握装配图的画图和看图的方法，是学习机械制图的主要任务之一，而用计算机绘制装配图，与绘制零件图有着很大的不同，因此，有必要进行绘制装配图的训练。

一、练习目的

　　通过绘制千斤顶装配图，掌握装配图的绘制方法，熟悉用 AutoCAD 绘图的方法和技巧。练习图形文件之间的调用和插入的方法。

二、练习内容

　　绘制千斤顶装配图。

三、练习步骤及要求

　　1. 看懂千斤顶装配图，进入 AutoCAD，设置绘图环境。

　　2. 绘制螺旋千斤顶装配图中各零件图并进行编号，存盘。

　　3. 建新图，设置绘图环境（建图层、线型、线宽、颜色，设置文字样式、尺寸样式）。绘制图幅、边框、标题栏和明细栏（见图 9-1）。存为样板文件以备后用。

　　4. 布图。在点画线层定位。

　　5. 按照徒手绘制千斤顶装配图的顺序逐一装配（利用绘制好的千斤顶零件图在图形文件之间复制、插入逐一装配或在同一显示屏上绘制简单零件图的视图用旋转和移动命令进行装配）。注意各图形之间的比例关系的统一。

　　6. 对千斤顶装配图中装配的各零件图进行修改（判别可见性、剖面符号的正确处理等）。

　　7. 很小的简单零件图可直接在装配图中画出。

　　8. 标注必要的尺寸。

　　9. 编写零件序号，注写技术要求。

　　10. 填写标题栏和明细栏。

　　11. 绘制千斤顶装配图全部完成后，赋名存盘，退出 AutoCAD。

注意：

　　1. 掌握好图形文件之间的调用和插入方法；

　　2. 国家标准：图样简化画法（GB/T 16675.1）中，允许装配图中可省略螺栓、螺母、销等紧固件的投影，而用点画线和指引线指明它们的位置。在装配图中零件的倒角、圆角、凹坑、凸台、沟槽、滚花、刻线以及其他细节可不画出，因此，在画装配图时注意国家标准中的规定。

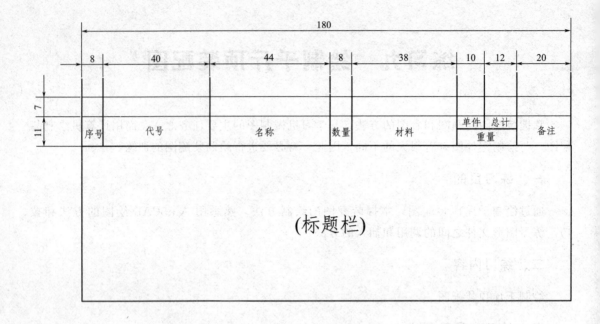

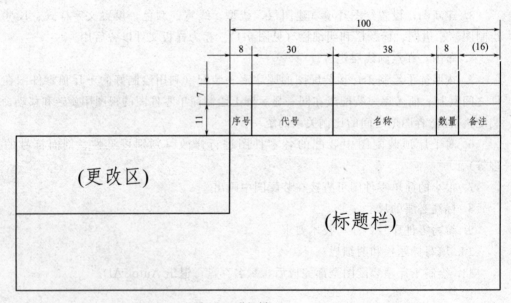

图 9-1 明细栏

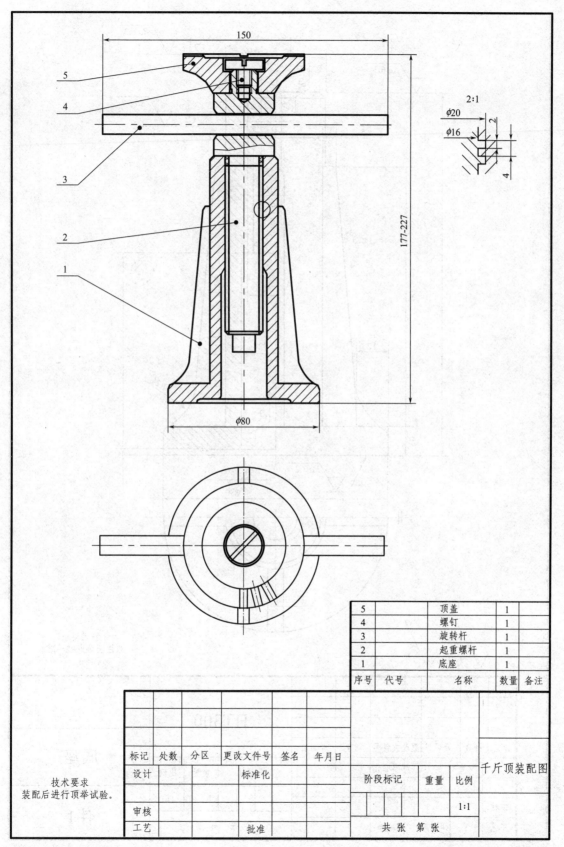

					5		顶盖	1	
					4		螺钉	1	
					3		旋转杆	1	
					2		起重螺杆	1	
					1		底座	1	
					序号	代号	名称	数量	备注

标记	处数	分区	更改文件号	签名	年月日				千斤顶装配图
设计			标准化			阶段标记		重量	比例
审核									1:1
工艺			批准			共 张 第 张			

技术要求
装配后进行顶举试验。

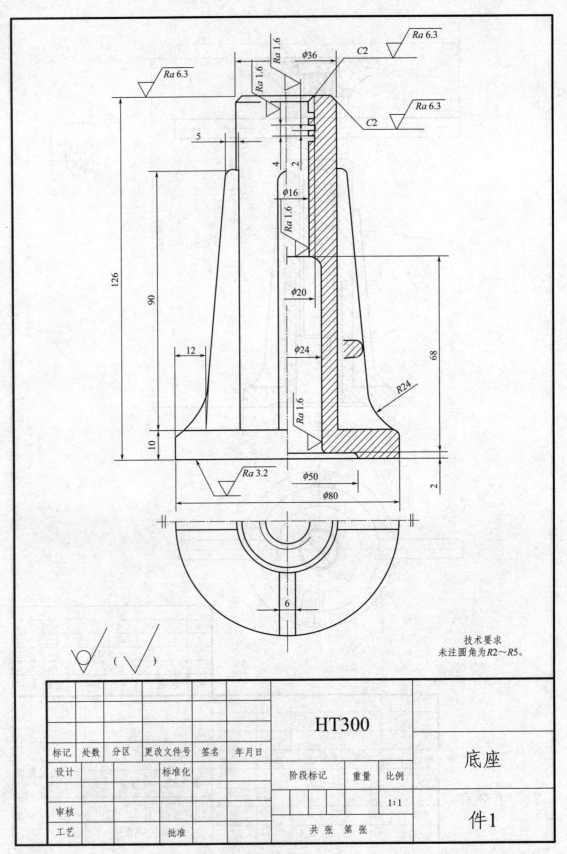

技术要求
未注圆角为R2~R5。

标记	处数	分区	更改文件号	签名	年月日				
设计			标准化						
						阶段标记		重量	比例
									1:1
审核									
工艺			批准			共 张 第 张			

HT300

底座

件1

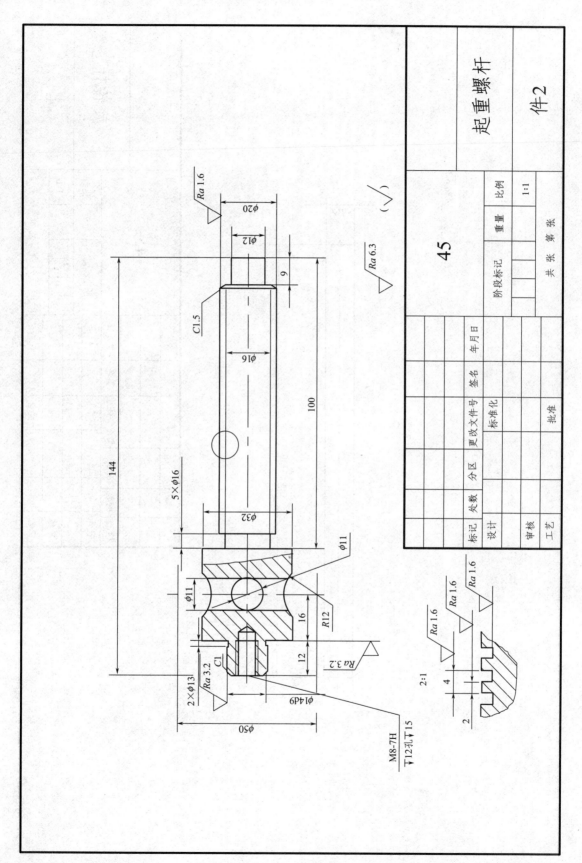

起重螺杆

件2

45

1:1

比例

重量

阶段标记

共 张 第 张

标记	处数	分区	更改文件号	签名	年月日
设计			标准化		
审核					
工艺			批准		

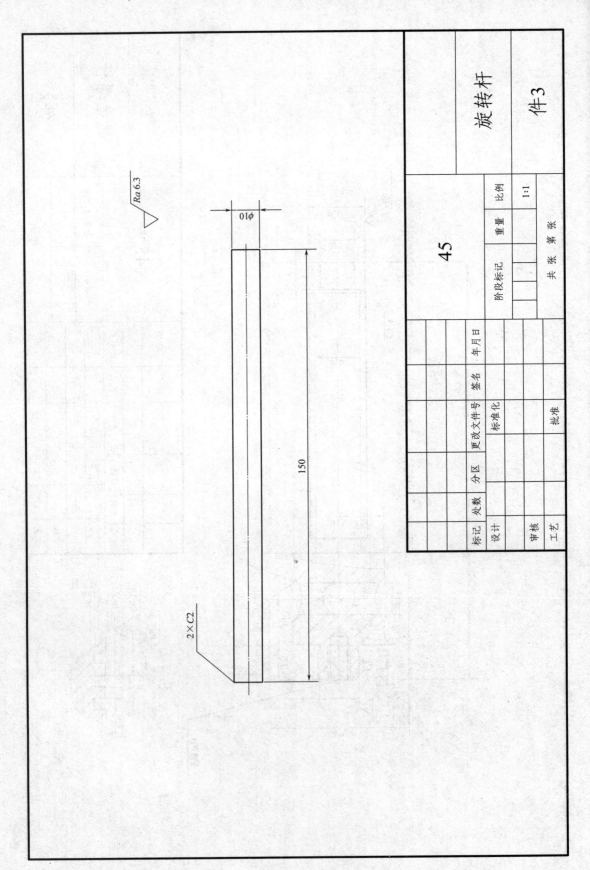

旋转杆

件3

45

标记	处数	分区	更改文件号	签名	年月日		阶段标记		重量	比例
设计			标准化							1:1
审核										
工艺			批准				共 张	第 张		

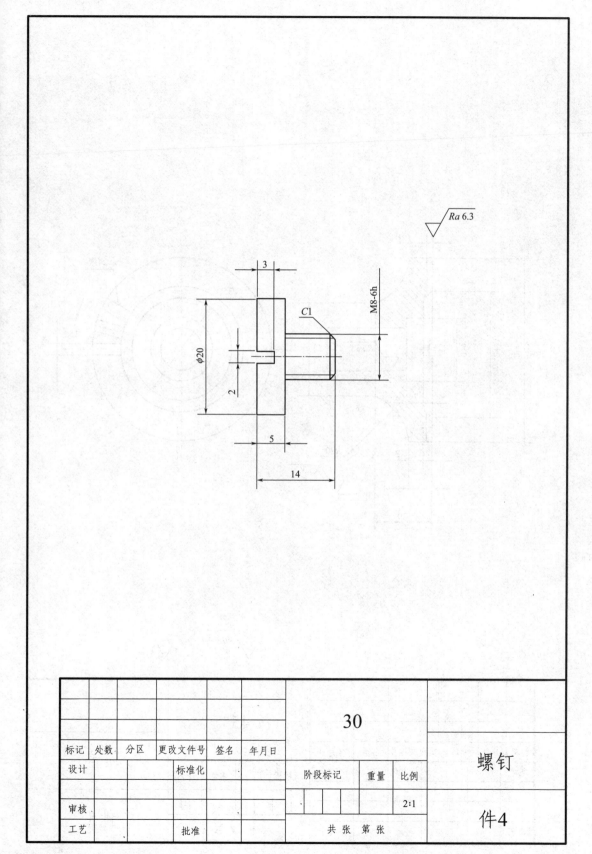

$\sqrt{Ra\,6.3}$

标记	处数	分区	更改文件号	签名	年月日					
设计			标准化				阶段标记	重量	比例	螺钉
审核									2:1	
工艺			批准				共 张 第 张			件4

30

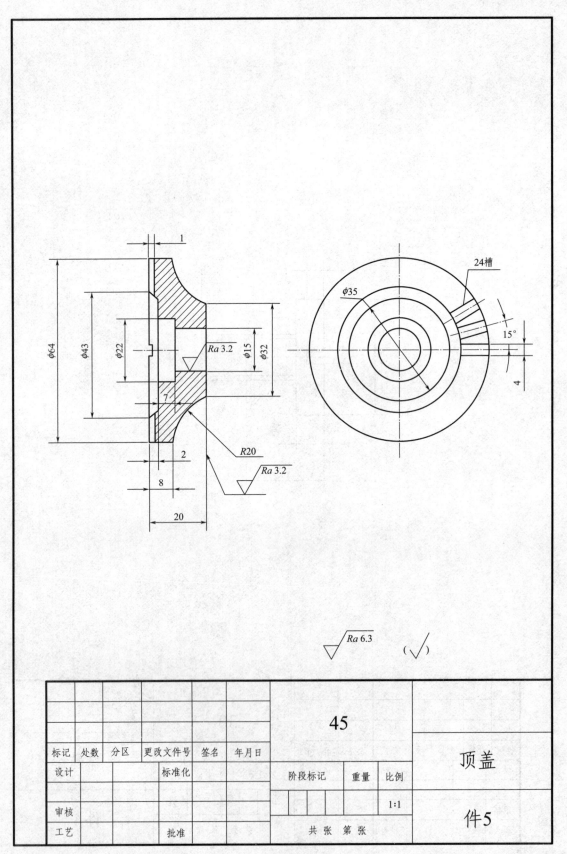

1

$\phi64$
$\phi43$
$\phi22$
$Ra\ 3.2$
$\phi15$
$\phi32$

7

2

8

20

$R20$

$Ra\ 3.2$

$\phi35$

24槽

15°

4

$\sqrt{Ra\ 6.3}$ $(\sqrt{\ })$

标记	处数	分区	更改文件号	签名	年月日	45			
设计			标准化						顶盖
						阶段标记	重量	比例	
审核								1:1	件5
工艺			批准			共 张 第 张			

练习十　绘制虎钳装配图

一、练习目的

通过绘制虎钳装配图，进一步掌握绘制装配图的方法和步骤。掌握图形文件之间的调用和插入的方法。

二、练习内容

绘制虎钳装配图。

三、练习步骤及要求

1. 绘图前要看懂虎钳装配图，进入 AutoCAD，设置绘图环境。

2. 先绘制虎钳装配图中的各零件图，编号存盘。

3. 建新图，设置绘图环境（建图层、线型、线宽、颜色，设置文字样式、尺寸样式）。绘制图幅、边框、标题栏和明细栏。

4. 布图。在点画线层定位。

5. 按照徒手绘制虎钳装配图的顺序逐一装配（利用绘制好的虎钳零件图在图形文件之间复制、插入逐一装配或在同一显示屏上绘制简单零件图的视图用旋转和移动命令进行装配）。注意各图形之间的比例关系的统一。

6. 对虎钳装配图中装配的各零件图进行修改（判别可见性、剖面符号的正确处理等）。

7. 很小的简单零件图可直接在装配图中画出。

8. 标注必要的尺寸。

9. 编写零件序号，注写技术要求。

10. 填写标题栏和明细栏。

11. 绘制虎钳装配图全部完成后，赋名存盘，退出 AutoCAD。

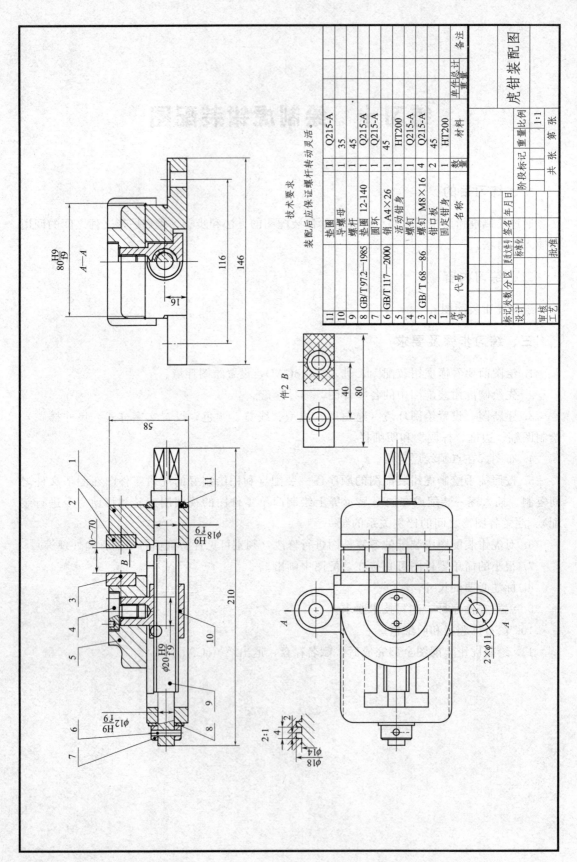

技术要求

装配后应保证螺杆转动灵活。

11		垫圈母		1	Q215-A	
10		导螺母		1	35	
9		螺杆		1	45	
8		垫圈 12-140	GB/T 97.2—1985	1	Q215-A	
7		圆环		1	Q215-A	
6		销 A4×26	GB/T 117—2000	1	45	
5		活动钳身		1	HT200	
4		螺钉		1	Q215-A	
3		螺钉 M8×16	GB/T 68—86	4	Q215-A	
2		钳口板		2	45	
1		固定钳身		1	HT200	
序号	代号	名称		数量	材料	单件 总计 重量 重量 备注

				阶段标记	重量	比例
设计						1:1
标记 处数 分区 更改文件号 签名 年月日				共 张 第 张		
审核	标准化					
工艺	批准					

虎钳装配图

件2 B

2:1

2×φ11

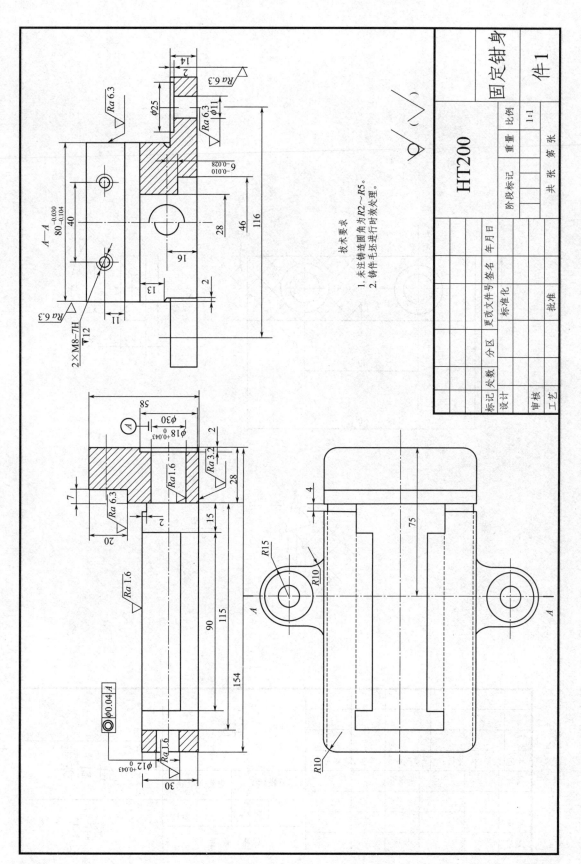

技术要求
1. 未注铸造圆角为R2~R5。
2. 铸件毛坯进行时效处理。

HT200

固定钳身

件1

比例 1:1

重量

共 张 第 张

· 67 ·

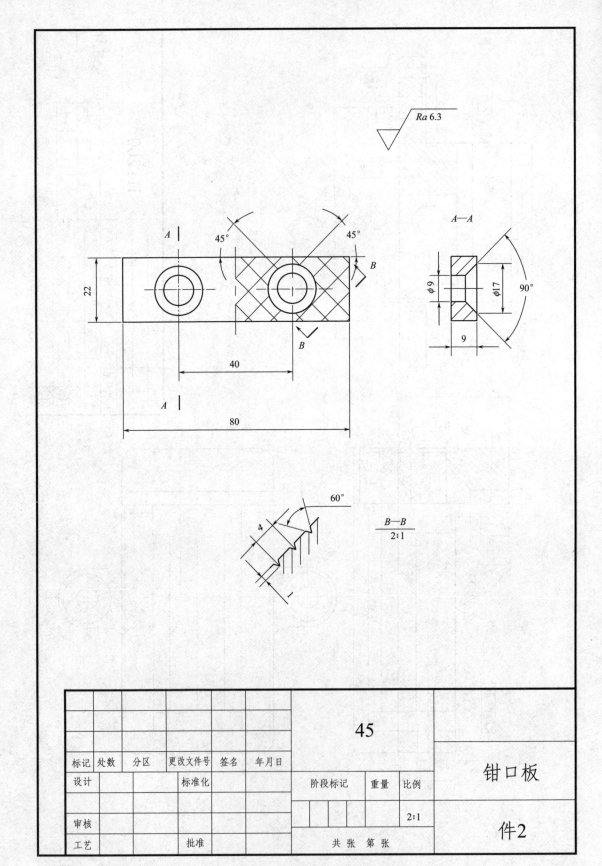

Ra 6.3

45°   45°

A   *B*

22

A—A

φ9   φ17   90°

9

B

40

80

60°

4

B—B
2:1

标记	处数	分区	更改文件号	签名	年月日			
设计			标准化					
						阶段标记	重量	比例
审核								2:1
工艺			批准			共 张 第 张		

45

钳口板

件2

Ra 6.3

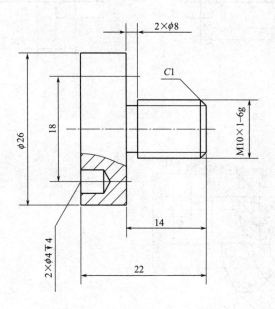

2×φ8

C1

φ26

18

M10×1-6g

2×φ4▽4

14

22

标记	处数	分区	更改文件号	签名	年月日				
设计			标准化						

Q215-A

阶段标记		重量	比例

螺钉

件4

| 审核 | | | | | | | | 2:1 |
| 工艺 | | | 批准 | | | 共 张 第 张 | | |

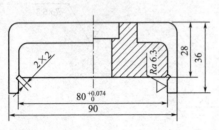

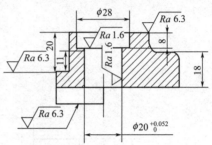

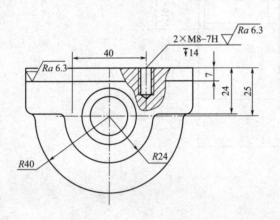

2×M8–7H
▽14

技术要求

未注圆角为R3～R5。

标记	处数	分区	更改文件号	签名	年月日	HT200			活动钳身
设计			标准化			阶段标记	重量	比例	
审核								1:1	件5
工艺			批准			共张 第张			

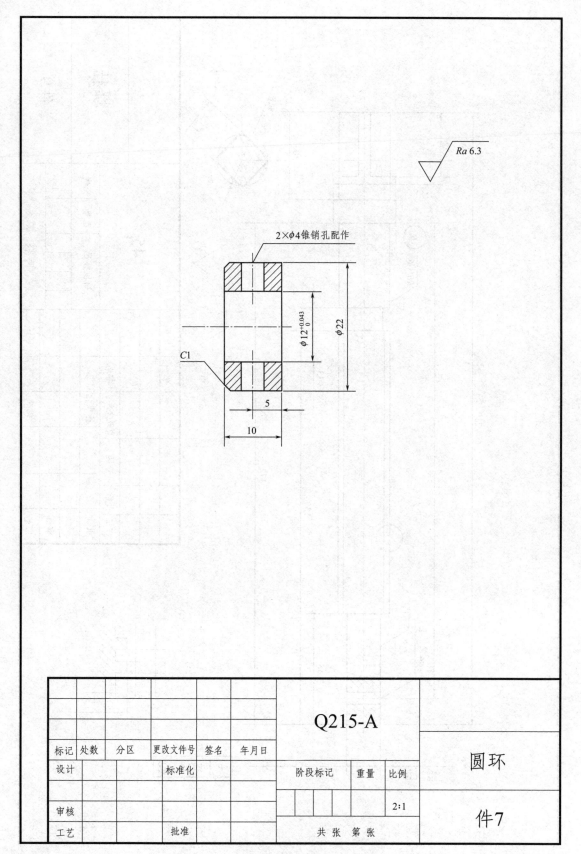

$Ra\,6.3$

$2\times\phi4$锥销孔配作

$\phi12^{+0.043}_{0}$

$\phi22$

C1

5

10

标记	处数	分区	更改文件号	签名	年月日			
设计			标准化					
审核								
工艺			批准					

Q215-A

圆环

阶段标记	重量	比例
		2:1
共张 第张		

件7

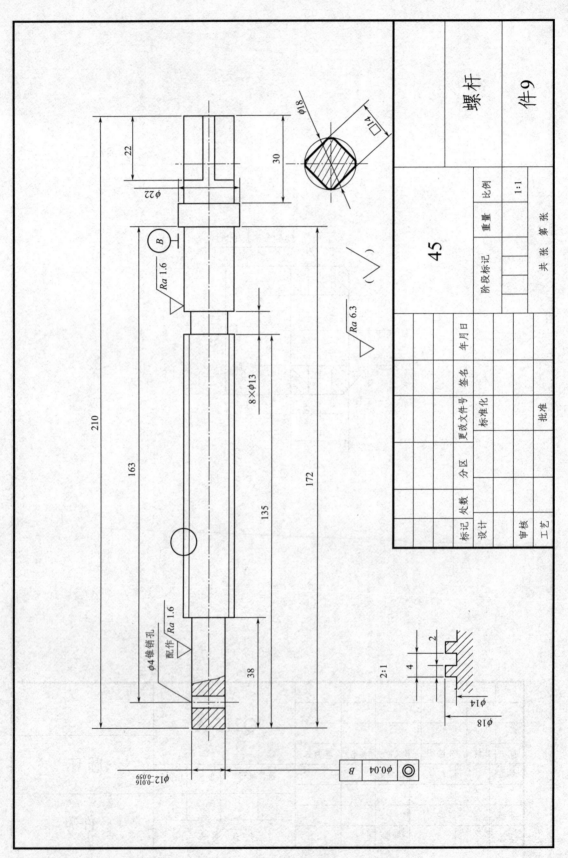

螺杆

件9

45

比例	1:1

标记	处数	分区	更改文件号	签名	年月日		阶段标记	重量	比例
设计			标准化						1:1
审核									
工艺			批准				共 张 第 张		

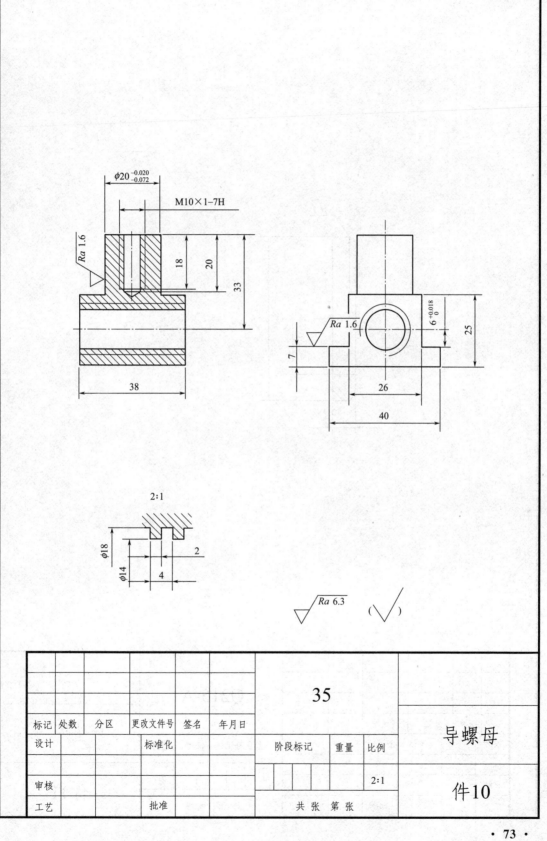

$\phi 20^{-0.020}_{-0.072}$

M10×1-7H

Ra 1.6

18

20

33

38

Ra 1.6

$6^{+0.018}_{0}$

25

7

26

40

2:1

$\phi 18$

$\phi 14$

2

4

$\sqrt{Ra\ 6.3}$ ($\sqrt{}$)

标记	处数	分区	更改文件号	签名	年月日			
						35		导螺母
设计			标准化			阶段标记	重量	比例	
审核								2:1	件10
工艺			批准			共 张 第 张		

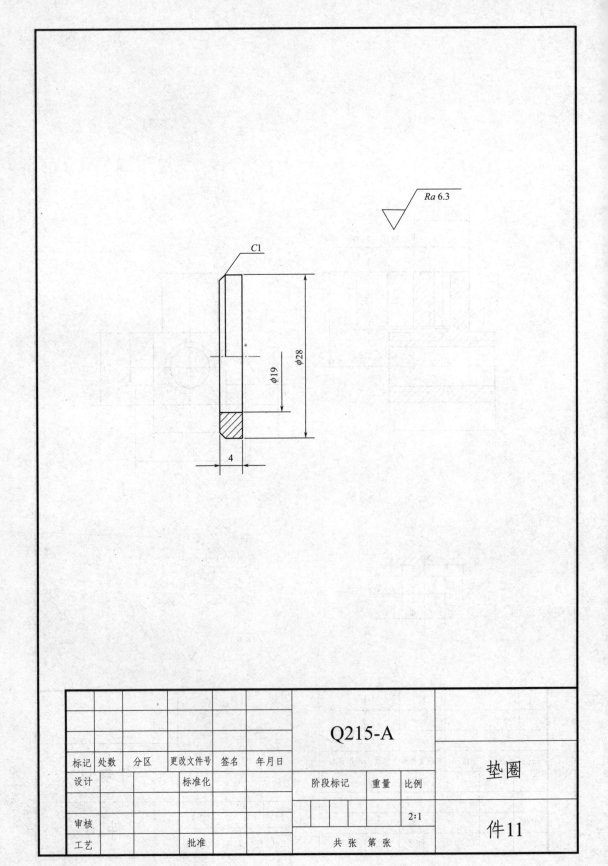

Ra 6.3

C1

ϕ19

ϕ28

4

标记	处数	分区	更改文件号	签名	年月日	Q215-A			垫圈
设计			标准化			阶段标记	重量	比例	
审核								2:1	件11
工艺			批准			共 张 第 张			

练习十一　绘制齿轮油泵装配图

一、练习目的

通过绘制齿轮油泵装配图，进一步掌握绘制装配图的方法和步骤。掌握图形文件之间的调用和插入的方法。

二、练习内容

绘制齿轮油泵装配图。

三、练习步骤及要求

1. 绘图前要看懂齿轮油泵装配图，进入 AutoCAD，设置绘图环境。

2. 先绘制齿轮油泵装配图中的各零件图，编号存盘。

3. 建新图，设置绘图环境（建图层、线型、线宽、颜色，设置文字样式、尺寸样式）。绘制图幅、边框、标题栏和明细栏。

4. 布图。在点画线层定位。

5. 按照徒手绘制齿轮油泵装配图的顺序逐一装配（利用绘制好的齿轮油泵零件图在图形文件之间复制、粘贴逐一装配或在同一显示屏上绘制简单零件图的视图用旋转和移动命令进行装配）。注意各图形之间比例关系的统一。

6. 对齿轮油泵装配图中装配的各零件图进行修改（判别可见性、剖面符号的正确处理等）。

7. 很小的简单零件图可直接在装配图中画出。

8. 标注必要的尺寸。

9. 编写零件序号，注写技术要求。

10. 填写标题栏和明细栏。

11. 绘制齿轮油泵装配图全部完成后，赋名存盘，退出 AutoCAD。

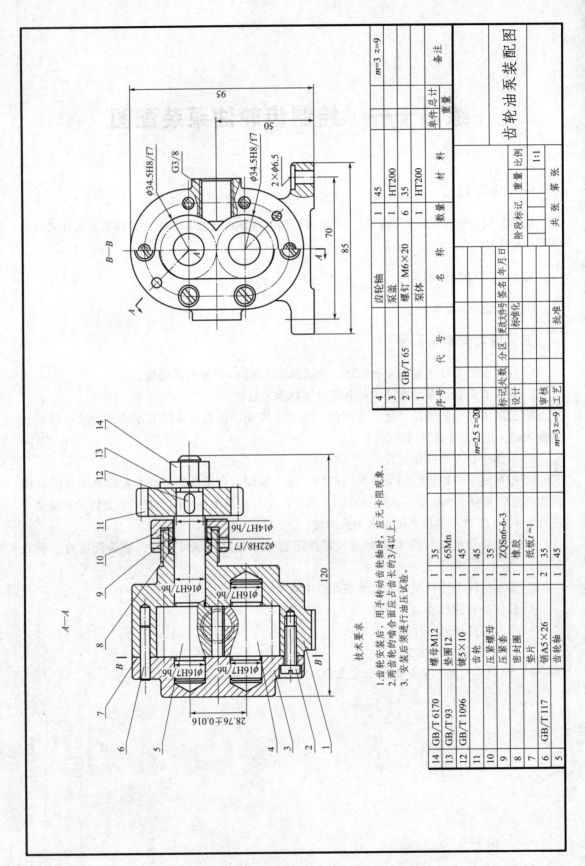

技术要求

1. 齿轮安装后，用手转动齿轮轴时，应无卡阻现象。
2. 两齿轮的啮合面应占齿长的3/4以上。
3. 安装后须进行油压试验。

14	GB/T 6170	螺母M12	1	35		
13	GB/T 93	垫圈12	1	65Mn		
12	GB/T 1096	键5×10	1	45		
11		齿轮	1	45		$m=2.5\ z=20$
10		压紧螺母	1	35		
9		压紧套	1	ZQSn6-6-3		
8		密封圈	1	橡胶		
7		垫片	1	纸板 $t=1$		
6	GB/T 117	销A5×26	2	35		
5		齿轮轴	1	45		$m=3\ z=9$
4		齿轮轴	1	45		$m=3\ z=9$
3		泵盖	1	HT200		
2	GB/T 65	螺钉 M6×20	6	35		
1		泵体	1	HT200		
序号	代 号	名 称	数量	材 料	单件 总计	备注
					重量	

标记 处数 分区	更改文件号	签名 年月日		
设计		标准化	阶段标记	重量 比例
				1:1
审核				
工艺		批准	共 张	第 张

齿轮油泵装配图

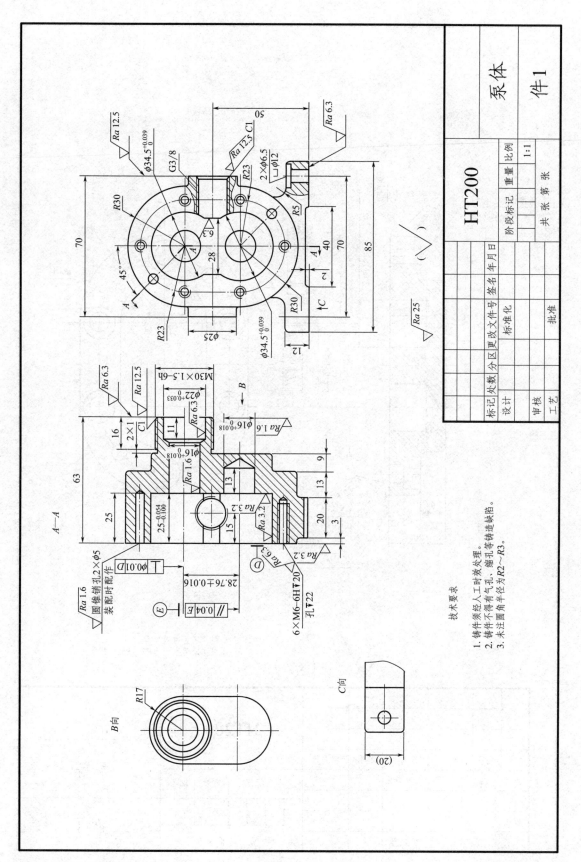

技术要求
1. 铸件须经人工时效处理。
2. 铸件不得有气孔、缩孔等铸造缺陷。
3. 未注圆角半径为 R2～R3。

HT200 | 泵体

件1

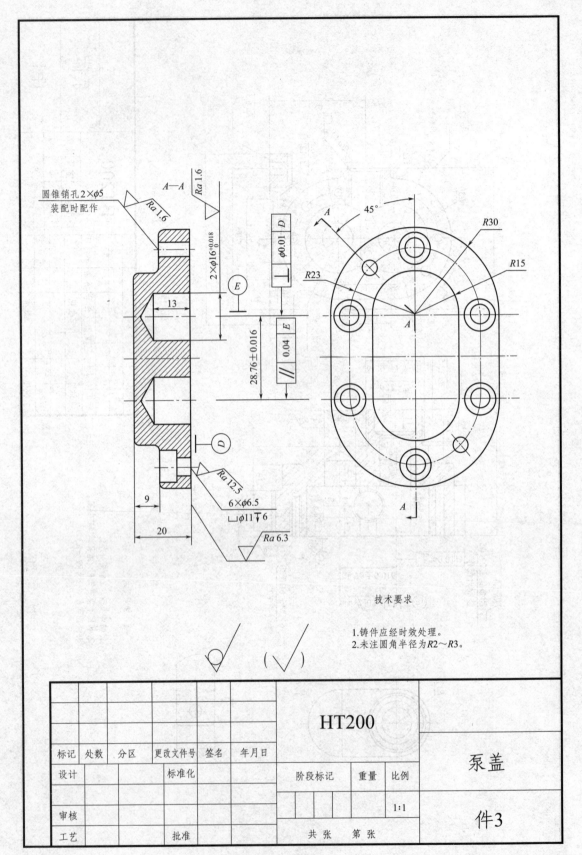

圆锥销孔2×φ5
装配时配作

$A-A$

$Ra\,1.6$

$Ra\,1.6$

$2\times\phi16^{+0.018}_{0}$

13

E

28.76±0.016

D

9

20

$Ra\,12.5$

$6\times\phi6.5$

$\sqcup\phi11\,\overline{\vee}\,6$

$Ra\,6.3$

| $\perp$ | $\phi0.01$ | D |

| $\parallel$ | 0.04 | E |

45°

$R30$

$R15$

$R23$

A

A

A

技术要求

1.铸件应经时效处理。
2.未注圆角半径为$R2\sim R3$。

$(\sqrt{})$

标记	处数	分区	更改文件号	签名	年月日				HT200		
设计			标准化								
						阶段标记	重量	比例			泵盖
审核									1:1		
工艺			批准			共 张　第 张					件3

模数 m	3
齿数 z	9
齿形角 α	20°
精度等级	8-7-7HK GB 10095—1988

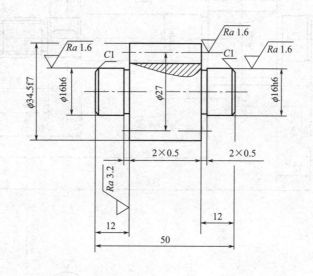

技术要求

1.调质处理：241～262HB。
2.未注倒角为C2。

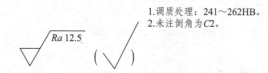

标记	处数	分区	更改文件号	签名	年月日		45				
设计			标准化								
							阶段标记	重量	比例	齿轮轴	
审核									1:1		
工艺			批准				共 张 第 张			件4	

模数 m	3
齿数 z	9
齿形角 α	20°
精度等级	8-7-7HK GB 10095—1988

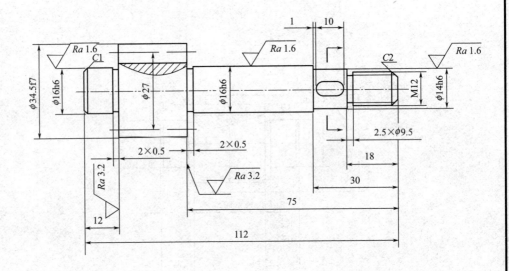

技术要求

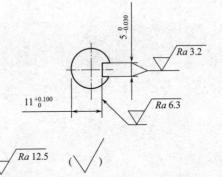

1. 调质处理：241～262HB。
2. 未注倒角为C2。

标记	处数	分区	更改文件号	签名	年月日			45		
设计			标准化							
						阶段标记	重量	比例	齿轮轴	
审核								1:1	件5	
工艺			批准			共 张 第 张				

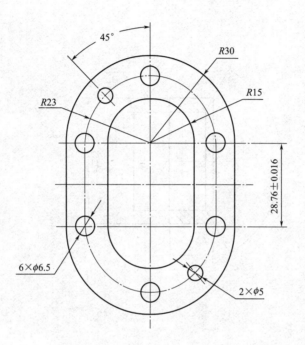

45°

R30

R23

R15

28.76±0.016

6×φ6.5

2×φ5

$t=1$

标记	处数	分区	更改文件号	签名	年月日			
						纸板		
								垫片
设计			标准化					
						阶段标记	重量	比例
审核								1:1
工艺			批准			共张 第张		件7

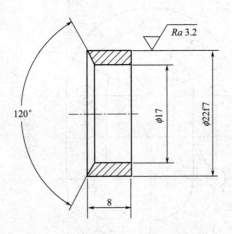

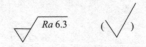

标记	处数	分区	更改文件号	签名	年月日	ZQSn6-6-3			
设计			标准化			阶段标记	重量	比例	压紧套
审核								2:1	
工艺			批准			共 张 第 张			件9

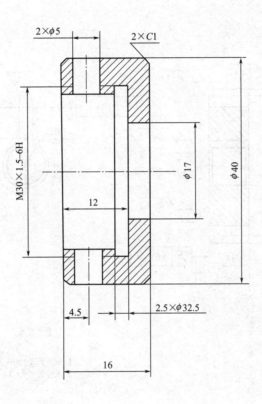

							35			压紧螺母
标记	处数	分区	更改文件号	签名	年月日					
设计			标准化			阶段标记		重量	比例	
审核									2:1	件10
工艺			批准			共 张 第 张				

模数 m	2.5
齿数 z	20
齿形角 α	20°
精度等级	8-7-7HK GB 10095—1988

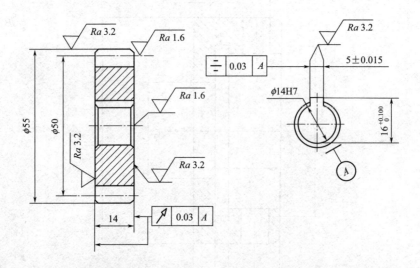

技术要求

1. 调质处理220～250HB。
2. 未注倒角为 $C1$。

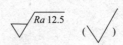

标记	处数	分区	更改文件号	签名	年月日				
							45		
设计			标准化						**齿轮**
						阶段标记	重量	比例	
审核								1:1	
工艺			批准			共 张 第 张			**件1**

练习十二　绘制铣刀头架装配图

一、练习目的

通过绘制铣刀头架装配图，进一步掌握绘制装配图的方法和步骤，掌握图形文件之间的调用和插入的方法。

二、练习内容

绘制铣刀头架装配图。

三、练习步骤及要求

1. 绘图前要看懂铣刀头架装配图，进入 AutoCAD，设置绘图环境。

2. 先绘制铣刀头架装配图中的各零件图，编号存盘。

3. 建新图，设置绘图环境（建图层、线型、线宽、颜色，设置文字样式、尺寸样式），绘制图幅、边框、标题栏和明细栏。

4. 布图，在点画线层定位。

5. 按照徒手绘制铣刀头架装配图的顺序逐一装配（利用绘制好的铣刀头架零件图在图形文件之间复制、插入逐一装配或在同一显示屏上绘制简单零件图的视图用旋转和移动命令进行装配）。注意各图形之间比例关系的统一。

6. 对铣刀头架装配图中装配的各零件图进行修改（判别可见性、剖面符号的正确处理等）。

7. 很小的简单零件图可直接在装配图中画出。

8. 标注必要的尺寸。

9. 编写零件序号，注写技术要求。

10. 填写标题栏和明细栏。

11. 绘制铣刀头架装配图全部完成后，赋名存盘，退出 AutoCAD。

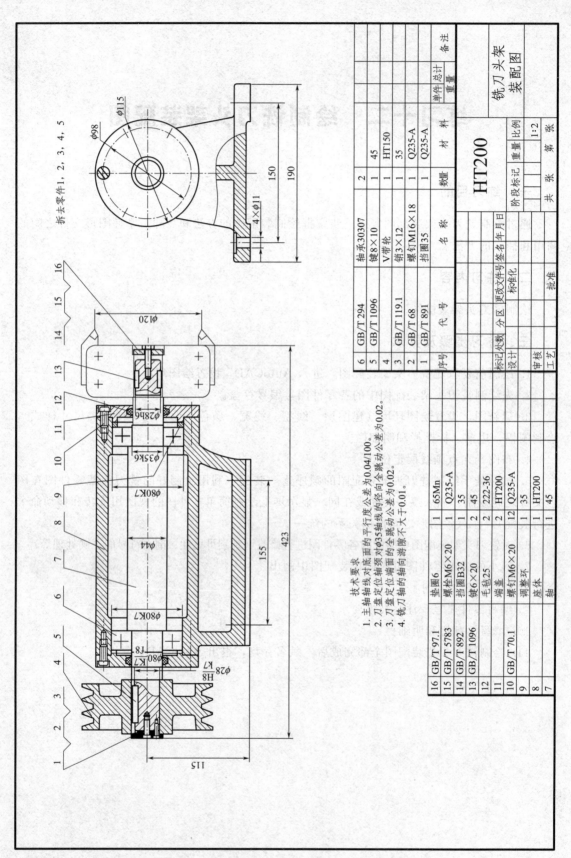

拆去零件1、2、3、4、5

技术要求
1. 主轴轴线对底面的平行度公差为0.04/100。
2. 刀盘定位轴颈对φ35轴线的径向全跳动公差为0.02。
3. 刀盘定位端面的全跳动公差为0.02。
4. 铣刀轴的轴向游隙不大于0.01。

16	GB/T 97.1	垫圈6	1	65Mn		
15	GB/T 5783	螺栓M6×20	1	Q235-A		
14	GB/T 892	挡圈B32	1	35		
13	GB/T 1096	键6×20	2	45		
12		毛毡25	2	222-36		
11		端盖	2	HT200		
10	GB/T 70.1	螺钉M6×20	12	Q235-A		
9		调整环	1	35		
8		座体	1	HT200		
7		轴	1	45		
6	GB/T 294	轴承30307	2			
5	GB/T 1096	键8×10	1	45		
4		V带轮	1	HT150		
3	GB/T 119.1	销3×12	1	35		
2	GB/T 68	螺钉M16×18	1	Q235-A		
1	GB/T 891	挡圈35	1	Q235-A		
序号	代号	名称	数量	材料	单件 总计	备注
					重量	

			HT200			比例	重量	铣刀头架 装配图
						1:2		
标记	处数	分区	更改文件号	签名	年月日			
设计			标准化			阶段标记		
审核						共 张	第 张	
工艺			批准					

φ115
φ98
150
190
4×φ11

φ120
φ28h6
φ35k6
φ80K7
φ44
φ80K7
φ80K7
$\phi28\frac{H8}{K7}$
423
155
115

1 2 3 4 5 6 7 8 9 10 11 12 13 14 15 16

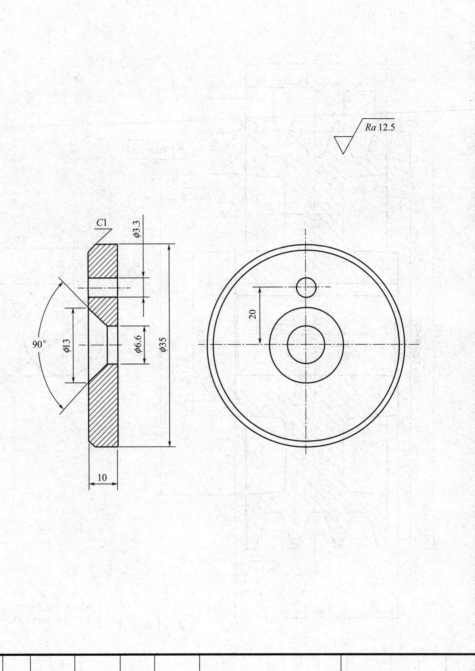

$\sqrt{Ra\ 12.5}$

C1

$\phi 3.3$

$\phi 6.6$

$\phi 13$

$\phi 35$

90°

10

20

标记	处数	分区	更改文件号	签名	年月日				Q235-A
设计			标准化						挡圈35
						阶段标记	重量	比例	
审核								2:1	件1
工艺			批准			共 张 第 张			

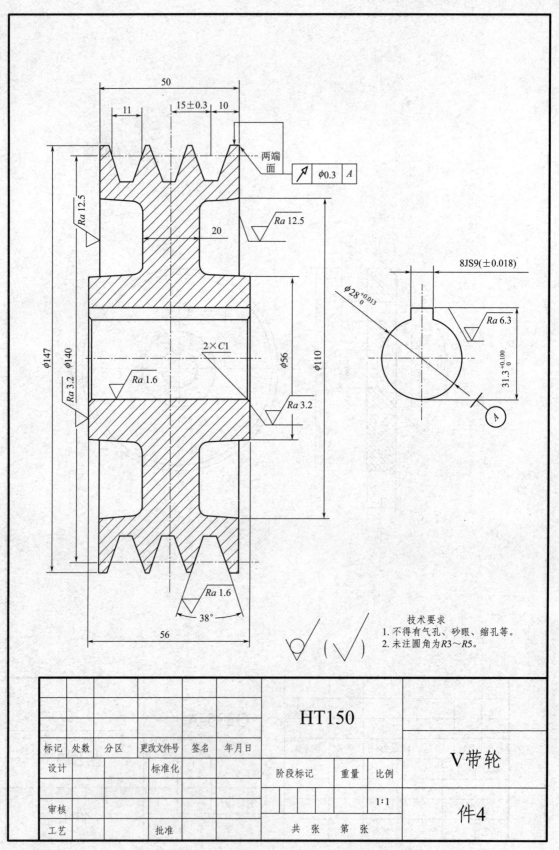

两端面

$\phi 0.3$ | A

Ra 12.5

Ra 12.5

20

8JS9(±0.018)

$\phi 28^{+0.013}_{0}$

Ra 6.3

31.3$^{+0.100}_{0}$

$\phi 147$ $\phi 140$

Ra 3.2

2×C1

Ra 1.6

$\phi 56$ $\phi 110$

Ra 3.2

A

Ra 1.6

38°

50

11

15±0.3 10

56

技术要求
1. 不得有气孔、砂眼、缩孔等。
2. 未注圆角为R3～R5。

标记	处数	分区	更改文件号	签名	年月日		HT150			
设计			标准化							V带轮
						阶段标记		重量	比例	
审核									1:1	件4
工艺			批准			共 张 第 张				

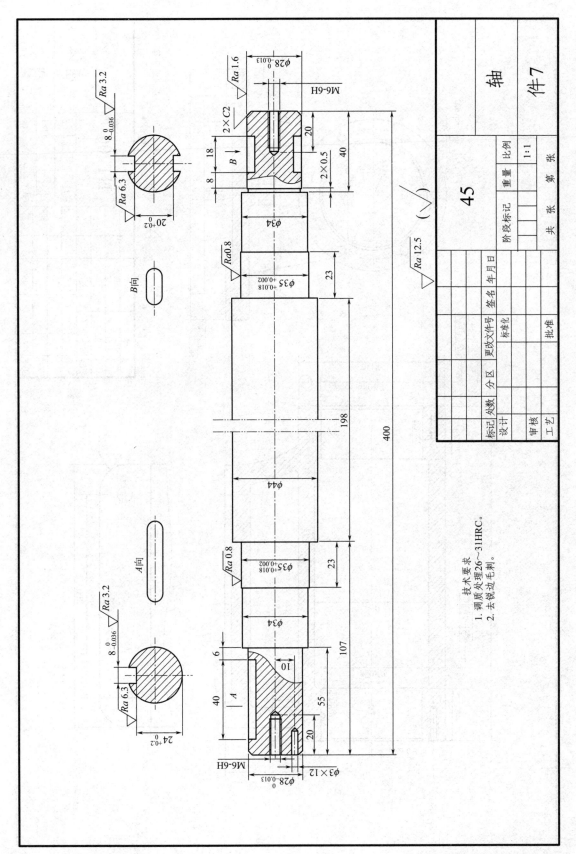

技术要求
1. 调质处理26～31HRC。
2. 去锐边毛刺。

				45		轴
			阶段标记	比例	1:1	
				重量		件7
				第 张		
标记	处数	分区	更改文件号	签 名	年月日	共 张
设计			标准化			
审核			批准			
工艺						

$\sqrt{Ra\ 12.5}$ ($\sqrt{}$)

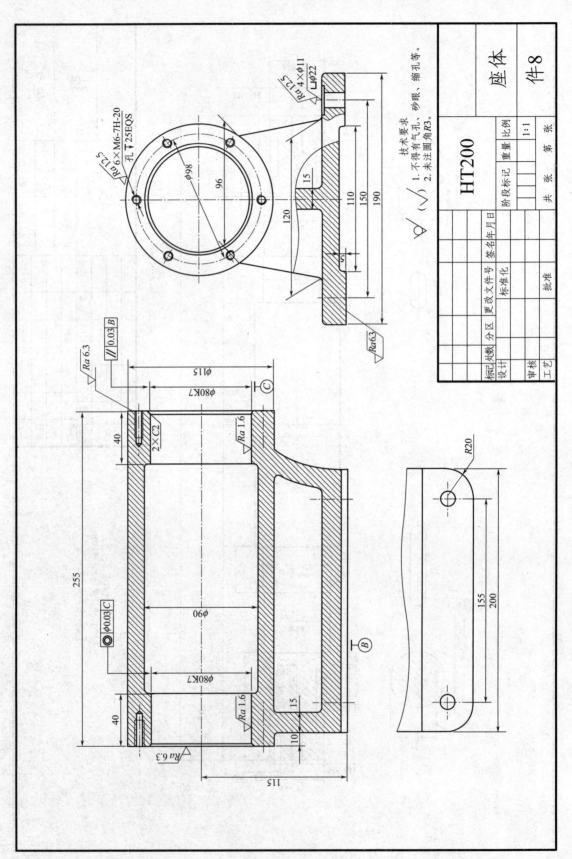

技术要求
1. 不得有气孔、砂眼、缩孔等。
2. 未注圆角R3。

HT200

座体

件8

1:1

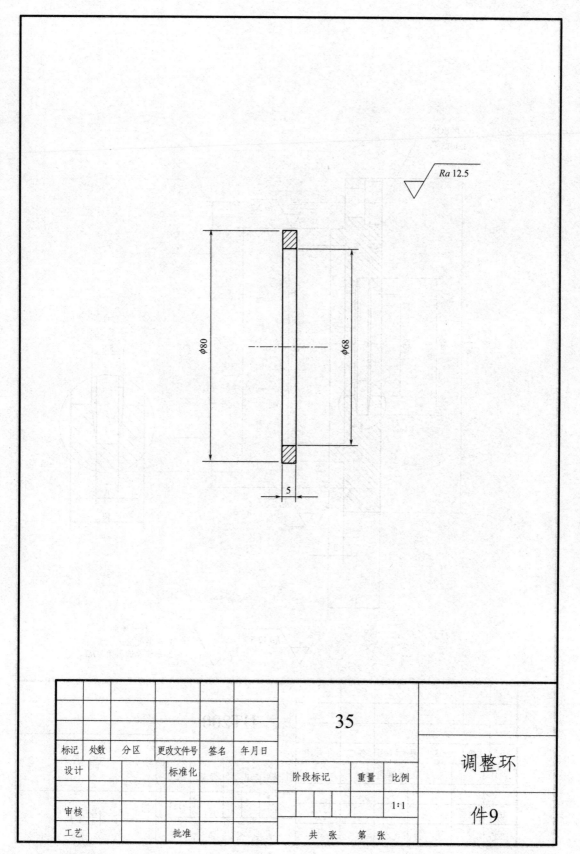

$Ra\,12.5$

标记	处数	分区	更改文件号	签名	年月日				
设计			标准化			35			调整环
						阶段标记	重量	比例	
审核								1:1	件9
工艺			批准			共 张 第 张			

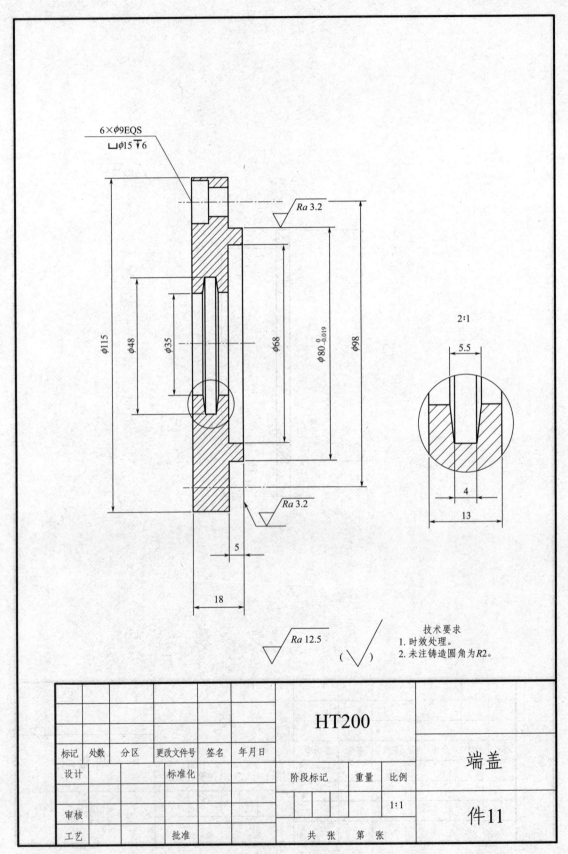

6×ϕ9EQS
$\sqcup\phi$15▼6

Ra 3.2

ϕ115
ϕ48
ϕ35
ϕ68
ϕ80$_{-0.019}^{0}$
ϕ98

Ra 3.2

5

18

2:1

5.5

4

13

Ra 12.5   ($\sqrt{}$)

技术要求
1. 时效处理。
2. 未注铸造圆角为R2。

标记	处数	分区	更改文件号	签名	年月日		HT200		
设计			标准化				阶段标记	重量	比例
									1:1
审核									
工艺			批准				共 张 第 张		

端盖

件11

· 92 ·

Ra 12.5

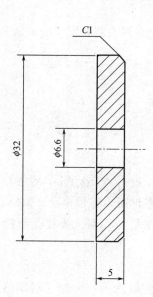

C1

ϕ32

ϕ6.6

5

						35			挡圈B32	
标记	处数	分区	更改文件号	签名	年月日					
设计			标准化			阶段标记	重量	比例		
								2:1		件14
审核										
工艺			批准			共 张 第 张				

练习十三　绘制齿轮减速器装配图

一、练习目的

通过绘制减速器装配图，进一步掌握绘制装配图的方法和步骤，掌握图形文件之间的调用和插入的方法。

二、练习内容

绘制齿轮减速器装配图。

三、练习步骤及要求

1. 绘图前要看懂减速器装配图，进入 AutoCAD，设置绘图环境。

2. 先绘制减速器装配图中的各零件图，编号存盘。

3. 建新图，设置绘图环境（建图层、线型、线宽、颜色，设置文字样式、尺寸样式），绘制图幅、边框、标题栏和明细栏。

4. 布图，在点画线层定位。

5. 按照徒手绘制减速器装配图的顺序逐一装配（利用绘制好的减速器零件图在图形文件之间复制、插入逐一装配或在同一显示屏上绘制简单零件图的视图用旋转和移动命令进行装配）。注意各图形之间比例关系的统一。

6. 对减速器装配图中装配的各零件图进行修改（判别可见性、剖面符号的正确处理等）。

7. 很小的简单零件图可直接在装配图中画出。

8. 标注必要的尺寸。

9. 编写零件序号，注写技术要求。

10. 填写标题栏和明细栏。

11. 绘制减速装配图全部完成后，赋名存盘，退出 AutoCAD。

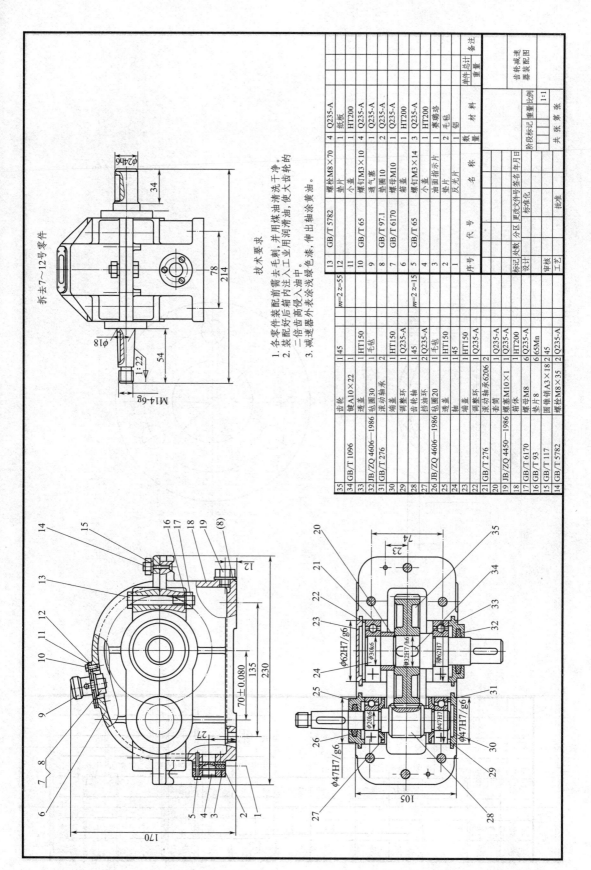

拆去7～12号零件

技术要求

1. 各零件装配前需去毛刺，并用煤油清洗干净。
2. 装配好后箱内注入润滑油，使二倍齿高侵入油中。
3. 减速器外表涂浅绿色漆，伸出轴涂黄油。

13	GB/T 5782			螺栓M8×70	4	Q235-A	
12				垫片	1	纸板	
11				小盖	1	HT200	
10	GB/T 65			螺钉M3×10	1	Q235-A	
9	GB/T 97.1			通气塞	1	Q235-A	
8	GB/T 6170			垫圈10	2	Q235-A	
7				螺母M10	1	Q235-A	
6	GB/T 65			螺钉M3×14	3	Q235-A	
5		$m=2\ z=15$		小齿轮	1	HT200	
4				油面指示片	1	塑料浴	
3				垫片	1	毛毡	
2				反光片	1	铝	
1							
序号	代 号			名 称	数量	材 料	备注

35	GB/T 1096			齿轮	1	45	
34				键A10×22	1		
33	JB/ZQ 4606—1986			透盖	1	HT150	
32	GB/T 276			毡圈30	2	毛毡	
31				滚动轴承	1	HT150	
30				端盖	1	Q235-A	
29				调整环	1	45	
28		$m=2\ z=55$		齿轮轴	1	HT150	
27	JB/ZQ 4606—1986			挡油环	2	Q235-A	
26				毡圈20	1	毛毡	
25				透盖	1	HT150	
24				轴	1	45	
23				端盖	1	HT150	
22	GB/T 276			调整环	2	Q235-A	
21				滚动轴承6206	2		
20				套筒	1	Q235-A	
19	JB/ZQ 4450—1986			螺塞M10×1	1	HT200	
18	GB/T 6170			螺母M8	6	Q235-A	
17	GB/T 93			垫片8	6	65Mn	
16	GB/T 117			圆锥销A3×18	2	45	
15	GB/T 5782			螺栓M8×35	2	Q235-A	
14							

齿轮减速器装配图

比例 1:1

共 张 第 张

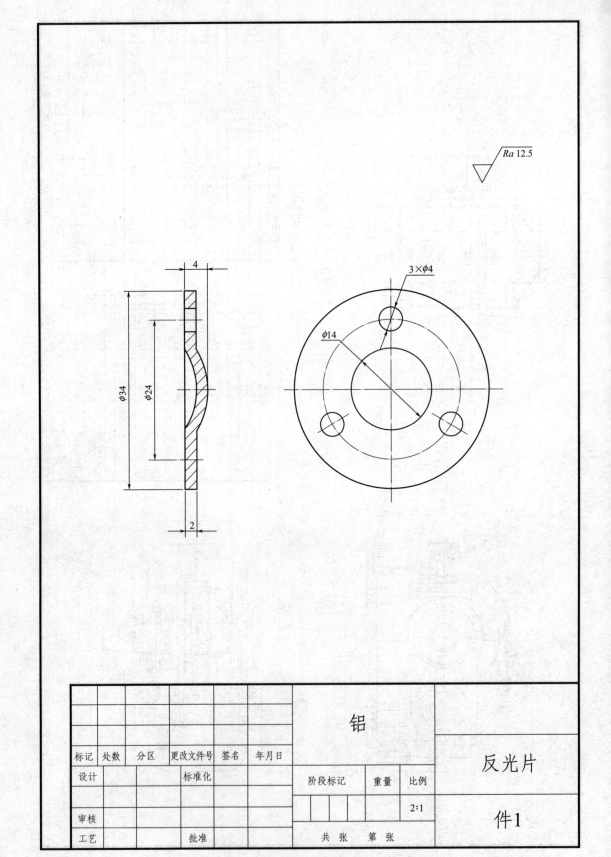

铝

反光片

件1

标记	处数	分区	更改文件号	签名	年月日				
设计			标准化						
						阶段标记	重量	比例	
审核									2:1
工艺			批准			共 张 第 张			

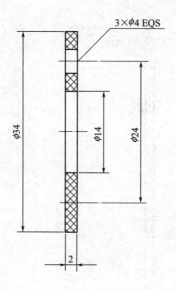

3×φ4 EQS

φ34

φ14

φ24

2

标记	处数	分区	更改文件号	签名	年月日	毛毡			垫片
设计			标准化			阶段标记	重量	比例	
审核								2:1	件2
工艺			批准			共 张 第 张			

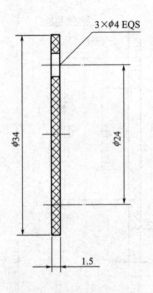

3×φ4 EQS

φ34

φ24

1.5

						赛璐珞				
标记	处数	分区	更改文件号	签名	年月日					油面指示片
设计			标准化			阶段标记	重量	比例		
									2:1	
审核										件3
工艺			批准			共 张 第 张				

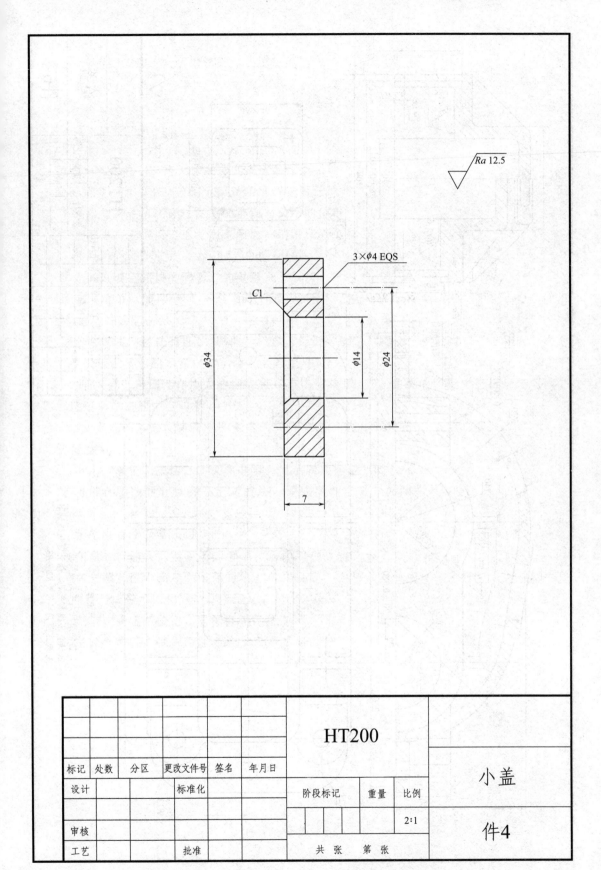

Ra 12.5

3×ϕ4 EQS

C1

ϕ34

ϕ14

ϕ24

7

HT200

标记	处数	分区	更改文件号	签名	年月日				小盖
设计			标准化			阶段标记	重量	比例	
审核								2:1	件4
工艺			批准			共 张 第 张			

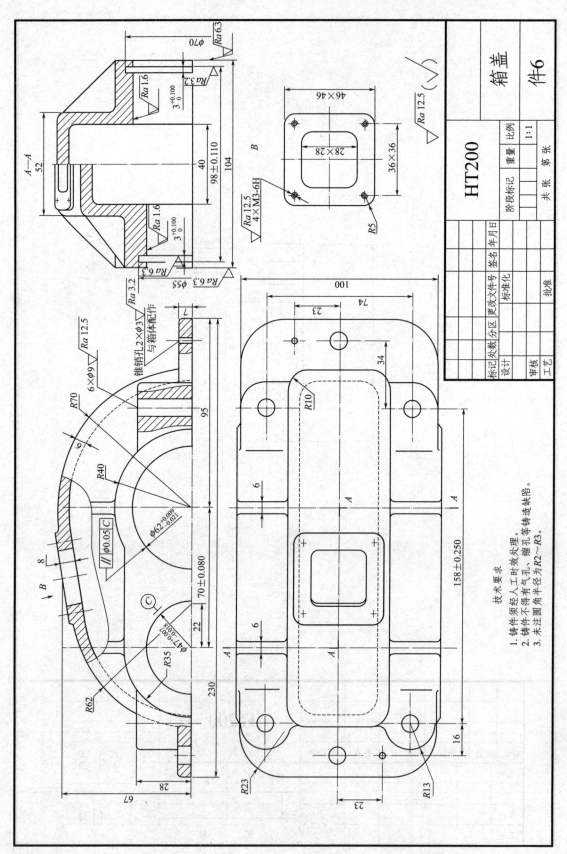

技术要求
1. 铸件须经人工时效处理。
2. 铸件不得有气孔、缩孔等铸造缺陷。
3. 未注圆角半径为R2～R3。

HT200

箱盖

件6

比例 1:1

重量

第 张 共 张

· 100 ·

Ra 12.5

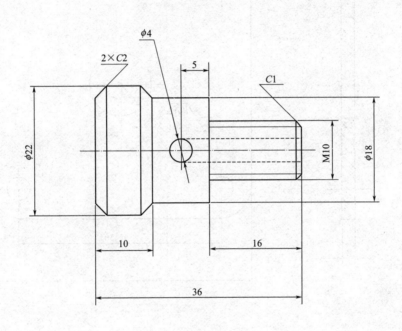

标记	处数	分区	更改文件号	签名	年月日	Q235-A		
设计			标准化					通气塞
						阶段标记	重量	比例
审核								2:1
工艺			批准			共 张 第 张		件9

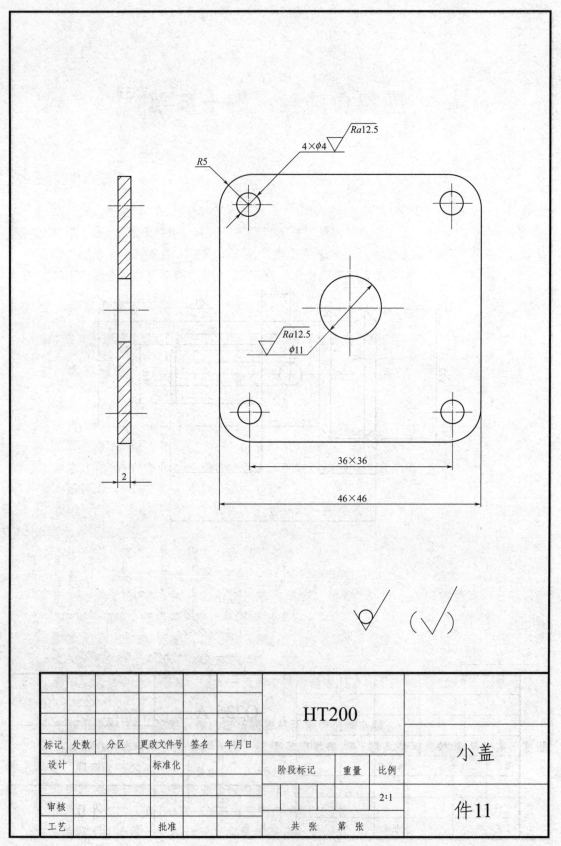

标记	处数	分区	更改文件号	签名	年月日	HT200				小盖
设计			标准化			阶段标记	重量	比例		
审核								2:1		件11
工艺			批准			共 张 第 张				

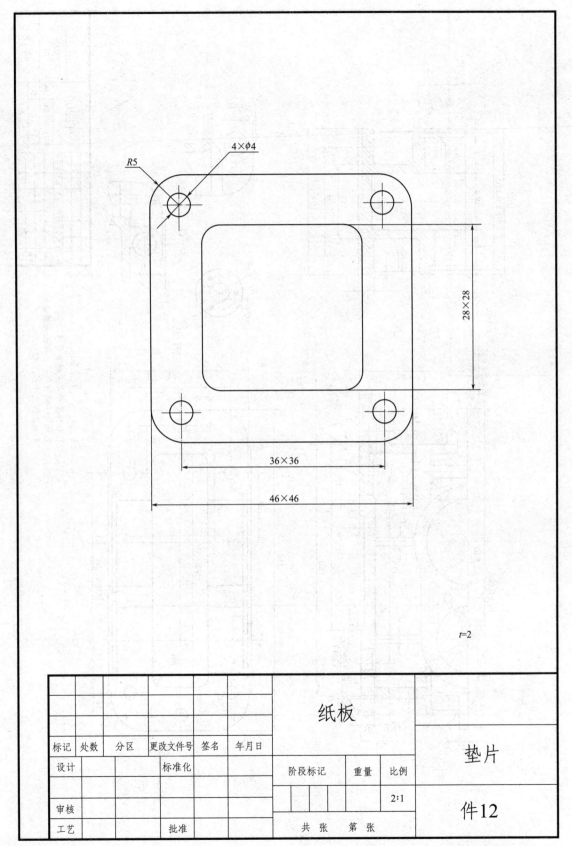

4×φ4

R5

28×28

36×36

46×46

t=2

						纸板			垫片		
标记	处数	分区	更改文件号	签名	年月日						
设计			标准化			阶段标记	重量	比例			
审核								2∶1	件12		
工艺			批准			共 张 第 张					

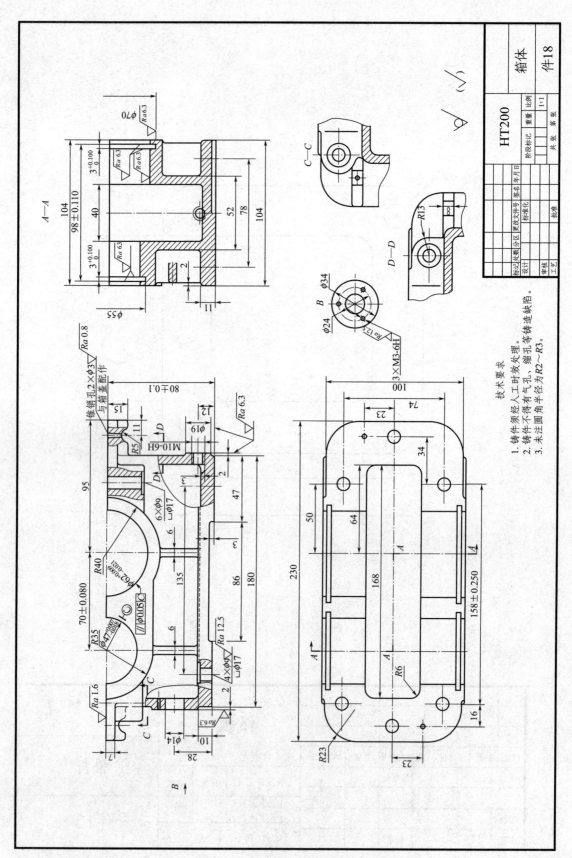

技术要求
1. 铸件须经人工时效处理。
2. 铸件不得有气孔、缩孔等铸造缺陷。
3. 未注圆角半径为 R2～R3。

HT200　箱体　件18

			HT200	阶段标记	重量	比例
						1:1
标记	处数	分区	更改文件号	签名	年月日	
设计				标准化		共 张 第 张
审核				批准		
工艺						

$\sqrt{Ra\,6.3}$

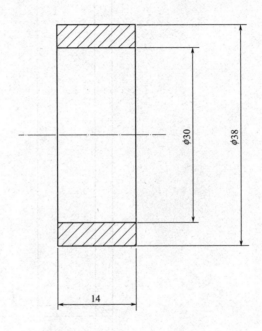

Q235-A

套筒

件20

标记	处数	分区	更改文件号	签名	年月日					
设计			标准化			阶段标记		重量	比例	
审核									2:1	
工艺			批准			共 张 第 张				

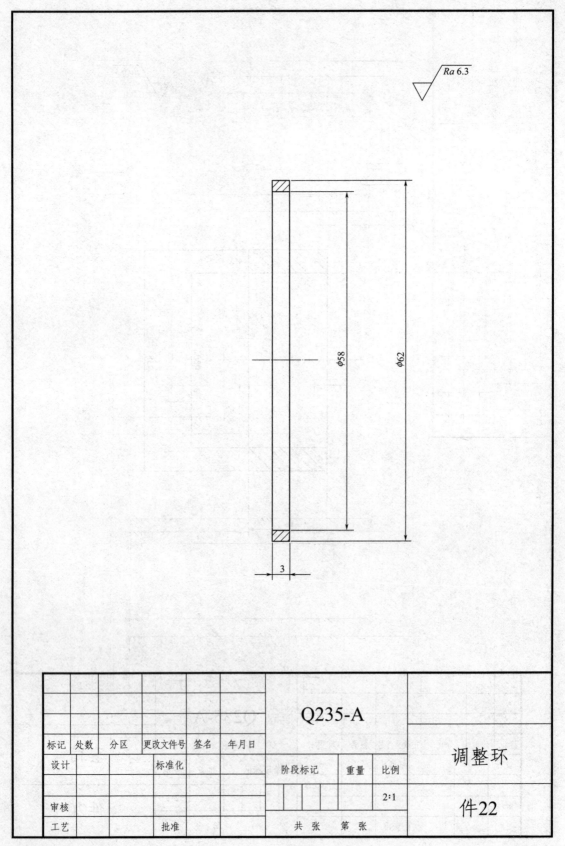

$\sqrt{Ra\,6.3}$

$\phi58$

$\phi62$

3

标记	处数	分区	更改文件号	签名	年月日				
设计			标准化						
审核									
工艺			批准						

Q235-A

调整环

阶段标记	重量	比例
		2:1
共 张　第 张		

件22

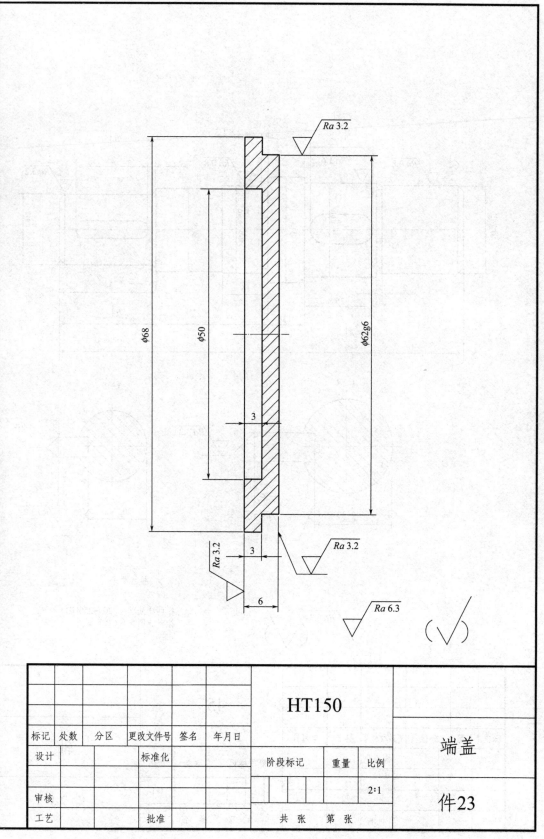

						HT150			端盖
标记	处数	分区	更改文件号	签名	年月日				
设计			标准化			阶段标记	重量	比例	
								2:1	件23
审核									
工艺			批准			共 张 第 张			

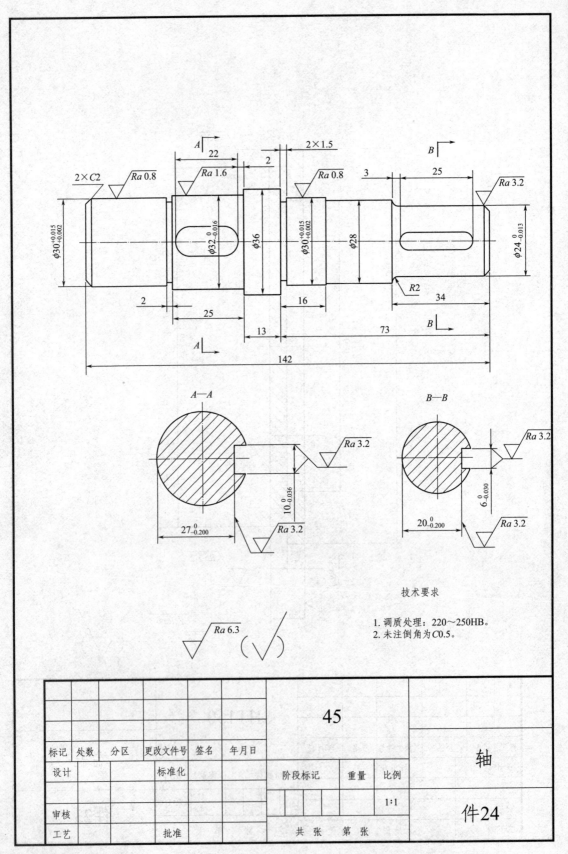

技术要求

1. 调质处理：220～250HB。
2. 未注倒角为C0.5。

标记	处数	分区	更改文件号	签名	年月日	45			轴
设计			标准化						
						阶段标记	重量	比例	
审核								1:1	件24
工艺			批准			共 张 第 张			

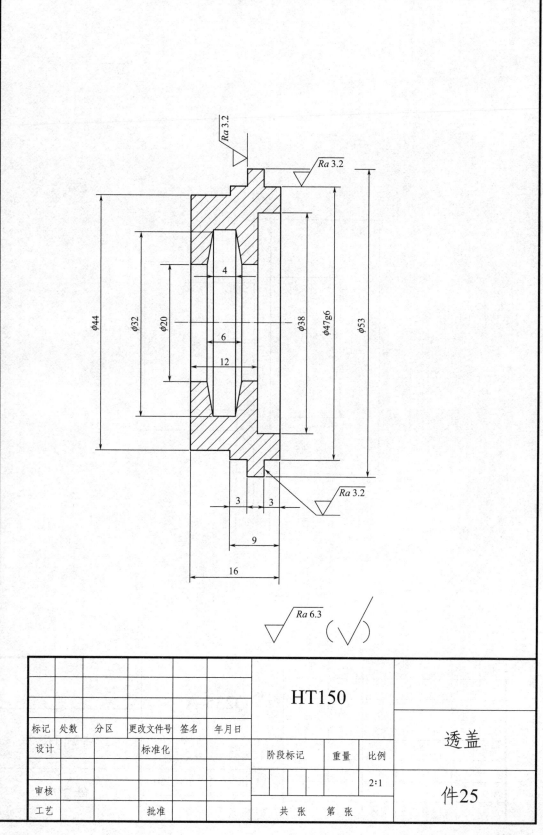

标记	处数	分区	更改文件号	签名	年月日	HT150			透盖
设计			标准化			阶段标记	重量	比例	
									件25
审核								2:1	
工艺			批准			共 张 第 张			

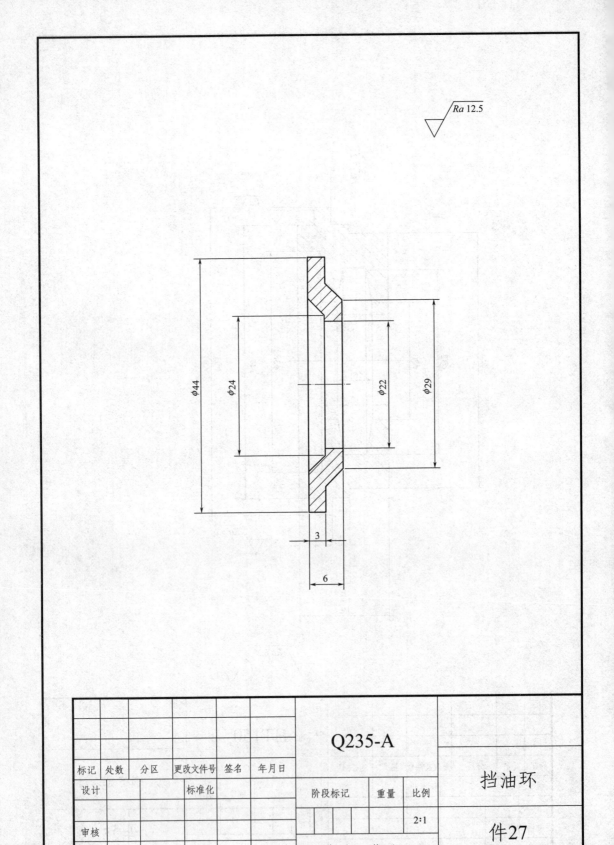

$\sqrt{}$ Ra 12.5

$\phi 44$ $\phi 24$ $\phi 22$ $\phi 29$

3

6

标记	处数	分区	更改文件号	签名	年月日				
设计			标准化						
						阶段标记	重量	比例	
审核								2:1	
工艺			批准			共 张 第 张			

Q235-A

挡油环

件27

模数 m	2
齿数 z	15
齿形角 α	20°
精度等级	8-7-7HK GB 10095—1988

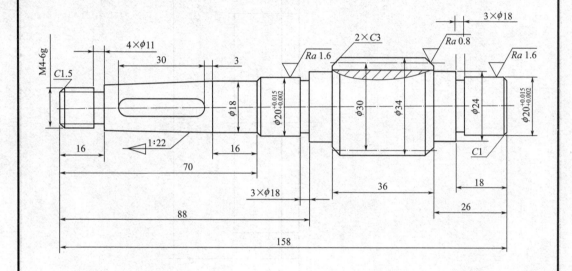

技术要求

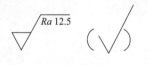

调质处理：241～262HB。

标记	处数	分区	更改文件号	签名	年月日				45			
设计			标准化							齿轮轴	
						阶段标记		重量	比例		
审核									1:1		
工艺			批准			共 张 第 张				件28	

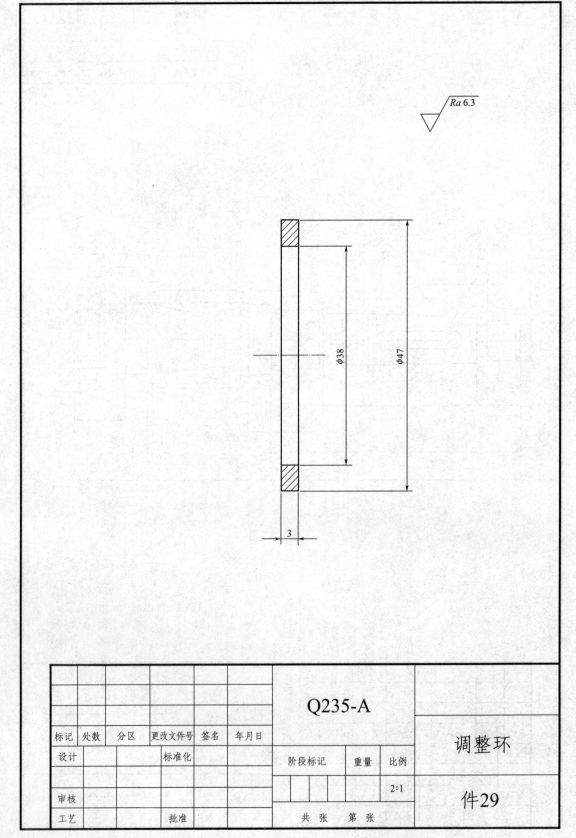

$\sqrt{}$ *Ra* 6.3

φ38

φ47

3

标记	处数	分区	更改文件号	签名	年月日				
设计			标准化						
						阶段标记	重量	比例	
审核								2:1	
工艺			批准			共 张 第 张			

Q235-A

调整环

件29

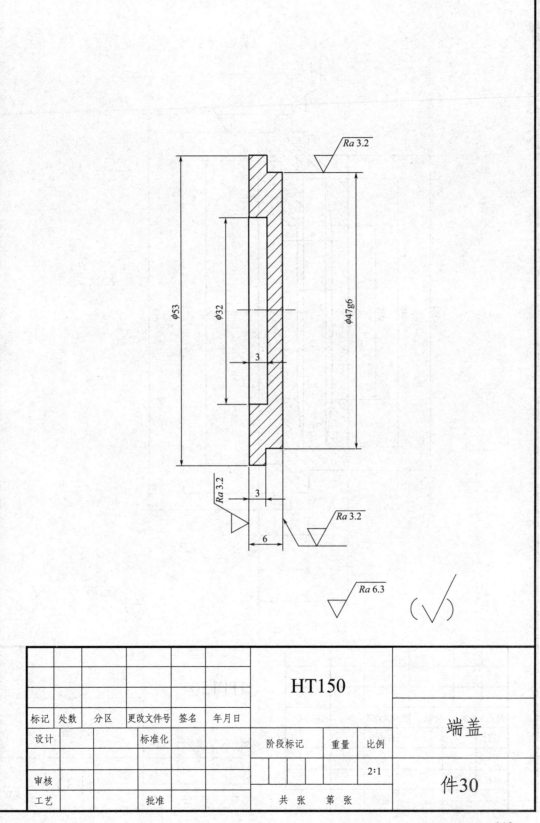

标记	处数	分区	更改文件号	签名	年月日	HT150				端盖
设计			标准化							
						阶段标记		重量	比例	
审核									2:1	件30
工艺			批准			共 张 第 张				

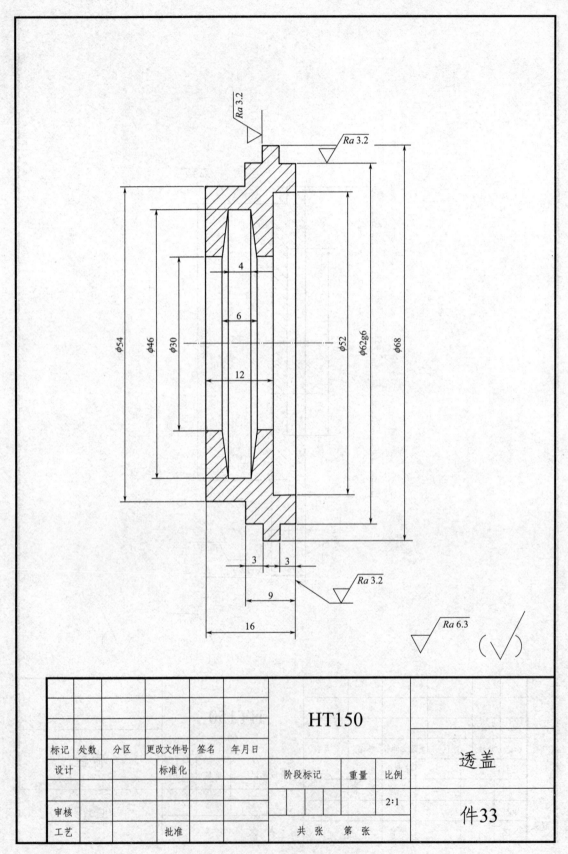

HT150

透盖

件33

标记	处数	分区	更改文件号	签名	年月日				
设计			标准化			阶段标记	重量	比例	
								2:1	
审核									
工艺			批准			共 张 第 张			

模数 m	2
齿数 z	55
齿形角 α	20°
精度等级	8-7-7HK GB 10095—1988

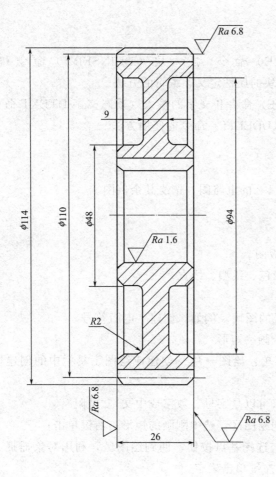

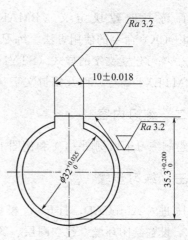

技术要求

1. 调质处理：241～262HB。
2. 未注倒角为 $C2$。

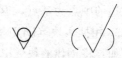

标记	处数	分区	更改文件号	签名	年月日		45			齿轮
设计			标准化							
						阶段标记		重量	比例	
审核									1:1	件35
工艺			批准			共 张 第 张				

练习十四　绘制电路图

一、练习目的

1. 练习创建块定义（BMAKE）命令、插入块（DDINSERT）命令和块存盘（WBLOCK）命令的使用方法。练习块的属性定义、编辑的方法。

2. 练习建立文字的样式（STYLE）命令和文字的输入（动态文字 DTEXT 命令、多行文字 MTEXT 命令）以及编辑文字（DDEDIT）命令的使用方法。

二、练习内容

绘制练习十四例图 14-1 和例图 14-2 的电路图，选绘其余例图。

三、练习步骤

1. 进入 AutoCAD，打开 A4 模板图。

2. 设置绘图环境，建立图层、颜色、线型、线宽。

3. 绘制电路图的基本图线。

4. 创建电路图中的各种电气符号的图块。例如：创建一电阻符号。

① 调用矩形（RECTANG）命令画一矩形；

② 调用块（BMAKE）命令（菜单：绘图→块→创建或绘图工具栏中的创建块图标），弹出块定义对话框；

③ 在块名输入框中，输入块名（可以是字母、数字或中文）"电阻"；

④ 左键单击选择对象按钮，回到绘图区，选中刚画的矩形，右键单击；

⑤ 返回块定义对话框，左键单击选择基点按钮，回到绘图区，利用对象捕捉，捕捉矩形短边的中点为基点，返回对话框，左键单击确定。

5. 用插入块（DDINSERT）命令插入块。

如：将创建的块（电阻），插入到图中。

① 调用插入块命令（菜单：插入→块或左键单击绘图工具栏的插入块图标），弹出插入块对话框；

② 左键单击块（B）按钮，在已定义的块对话框中选择电阻；

③ 对话框中的选项用于指定插入点、比例和旋转角度，插入点与块的基点对齐，左键单击确定，回到绘图区；

④ 在图形中确定插入点，在命令行中提示：

X 比例因子<1>/角点(C)/XYZ：（X 方向比例因子）

Y 比例因子<缺省=X>：（Y 方向比例因子）

旋转角度<0>：（插入图形旋转角度）

——确定缩放和旋转角度，则完成图块的插入。

6. 建立文字样式（STYLE），运用动态文字（DTEXT）命令，进行注释。

① 从命令行输入命令（或从菜单：绘图→文字→单行文字）"DT"，回车。

② 命令行提示：

对正（J）/字样（S）/<起点>：（在图中指定文字的起点）

高度<默认值>：输入文字高度或选默认值

旋转角度<默认值>：输入旋转角度或选默认值

③ 输入文字，可用光标任意确定输入文字的位置。

④ 全部书写完毕后，连续回车两次，结束该命令。

7. 练习块的属性定义（Attdef、Ddattdef）。

① 先画好要创建块的图形，如电阻。

② 点击菜单：绘图→块→定义属性或从命令行输入命令（Attdef、Ddattdef），弹出"属性定义"对话框。

③ 在"模式"栏选验证；"属性"栏输入标记"RI"；"提示"栏输入以后使用时，在命令行中要提示做什么的内容（如：输入电阻代号）。

④ "插入点"选属性在块中的插入点，点击"拾取点"，在块的图形中直接确定属性的位置（选矩形左边的中点向左1）。

⑤ "文字选项"栏，确定属性文本的对齐方式（选右下对齐）、文字样式、高度（3.5）和旋转角度。

⑥ 点击"确定"按钮，即可在电阻上显示属性标记"RI"。

⑦ 将带有属性的电阻符号定义成块，完成属性定义（如图 14-1 所示）。

RI

图 14-1 电阻块

8. 保存块命令（Wblock）。

① 在命令行输入：W 回车，弹出"写块"对话框。

② 在"源"栏中确定要保存的块，在"目标"栏输入图形文件的名称、位置和插入单位。文件名与块名可以相同，便于记忆。

③ 点击"确定"按钮，即可将块存盘。

9. 完成全图后，赋名存盘，退出 AutoCAD。

例图14-1

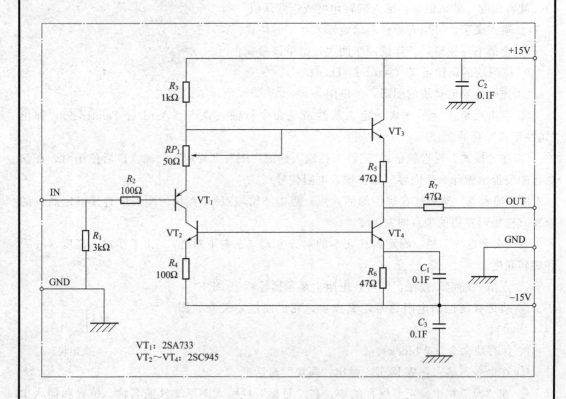

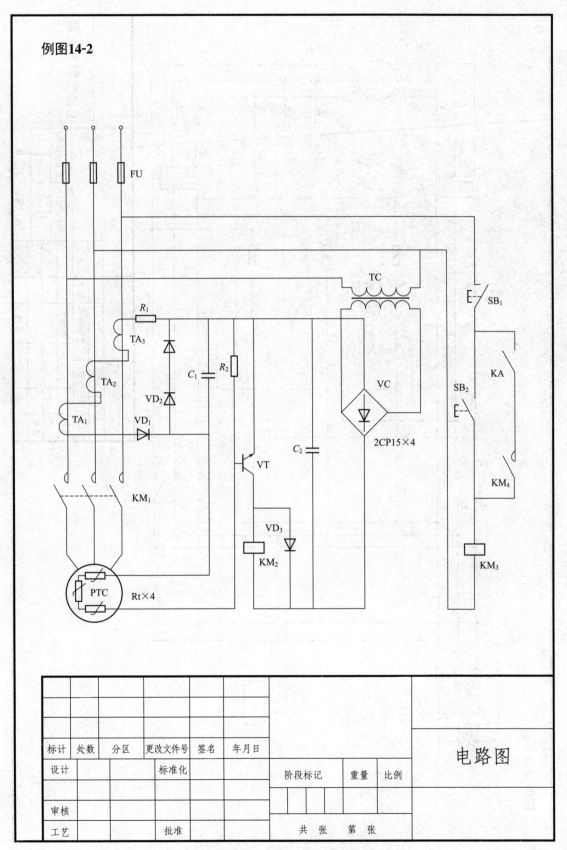

例图14-2

标计	处数	分区	更改文件号	签名	年月日				
设计			标准化						
						阶段标记		重量	比例
审核									
工艺			批准			共 张 第 张			

电路图

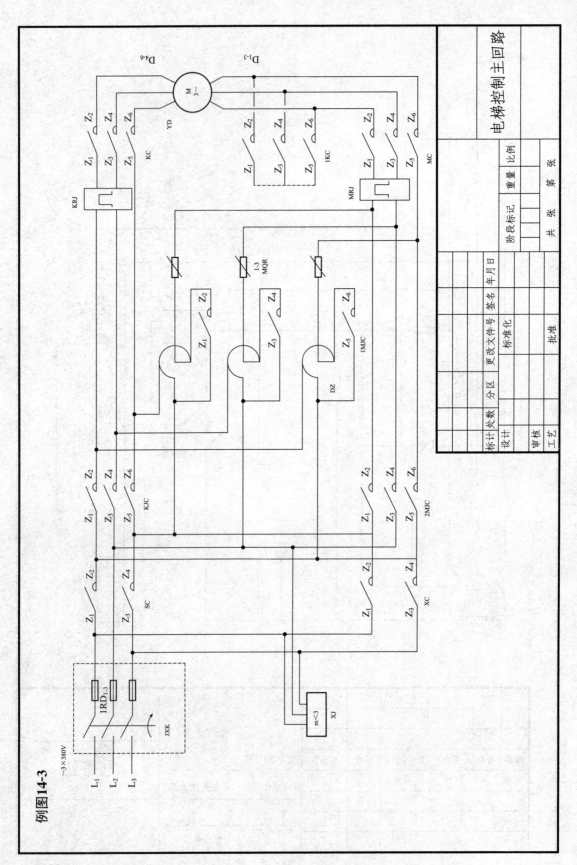

例图14-3

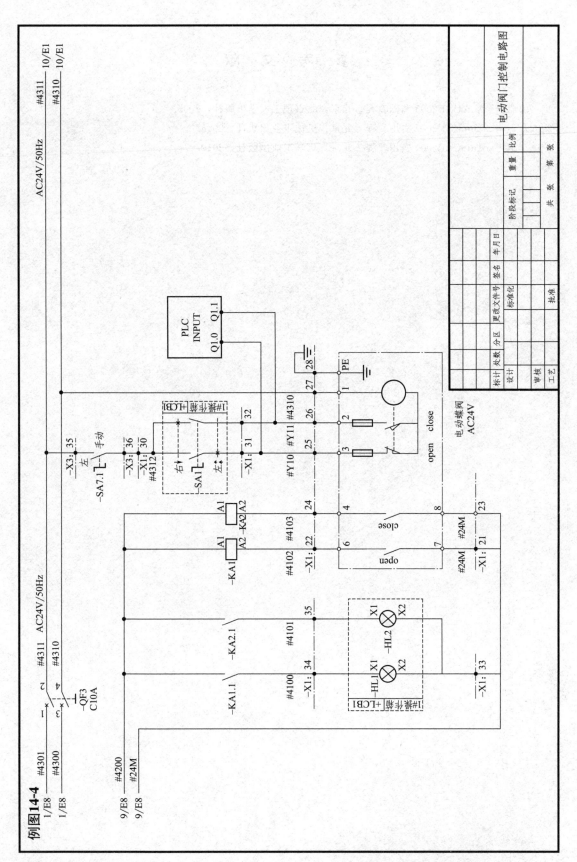

例图14-4

电动阀门控制电路图

· 121 ·

参 考 文 献

[1] 郭启全．AutoCAD2005 基础教程．北京：北京理工大学出版社，2005.
[2] 郑运亭．AutoCAD2007 实用教程．北京：机械工业出版社，2006.
[3] 江道银．AutoCAD2009 实用教程．北京：化学工业出版社，2010.